Anton Sotirov

Ecologia e Monitoramento Ambiental

Anton Sotirov

Ecologia e Monitoramento Ambiental

Manual

ScienciaScripts

Imprint

Any brand names and product names mentioned in this book are subject to trademark, brand or patent protection and are trademarks or registered trademarks of their respective holders. The use of brand names, product names, common names, trade names, product descriptions etc. even without a particular marking in this work is in no way to be construed to mean that such names may be regarded as unrestricted in respect of trademark and brand protection legislation and could thus be used by anyone.

Cover image: www.ingimage.com

This book is a translation from the original published under ISBN 978-620-7-48869-8.

Publisher:
Sciencia Scripts
is a trademark of
Dodo Books Indian Ocean Ltd. and OmniScriptum S.R.L publishing group

120 High Road, East Finchley, London, N2 9ED, United Kingdom
Str. Armeneasca 28/1, office 1, Chisinau MD-2012, Republic of Moldova, Europe
Printed at: see last page
ISBN: 978-620-7-62348-8

Índice

CAPÍTULO 1. A ECOLOGIA COMO CIÊNCIA E CARACTERÍSTICA DO SISTEMA "HOMEM-SOCIEDADE-NATUREZA 2

CAPÍTULO 2. MANUAL DE MONITORIZAÇÃO AMBIENTAL 76

CAPÍTULO 3. MONITORIZAÇÃO AMBIENTAL DO RIO Dragovishtitsa, Bulgária 123

CAPÍTULO 4. MONITORIZAÇÃO AMBIENTAL DA CIDADE Kyustendil, Bulgária 139

CAPÍTULO 5. CONTROLO AMBIENTAL DAS JAZIDAS MINEIRAS DE CHUMBO-ZINCO NA PARTE BÚLGARA E MACEDÓNIA DA MONTANHA DE OSOGOVO 154

CAPÍTULO 1. ECOLOGIA COMO CIÊNCIA E CARACTERÍSTICA DO SISTEMA "HOMEM-SOCIEDADE-NATUREZA

Resumo

O termo "ecologia" foi cunhado pela primeira vez pelo biólogo E. Haeckel em 1866. Segundo ele, a ecologia é a ciência da relação entre a matéria viva e o ambiente circundante (das palavras gregas ekos / oikos - casa e logos - ciência). A ecologia é uma ciência complexa que utiliza métodos e conceitos da biologia, da geologia, da química, da física, da matemática, da geografia, das ciências da engenharia, da economia, do direito, etc.
Estruturalmente, na ecologia diferem:
1. Ecologia fatorial ou ecologia de uma espécie: estuda as relações dos representantes de uma espécie com o seu ambiente, ou seja, o conjunto de factores ecológicos que actuam sobre um indivíduo e as suas respostas;
2. Sinecologia - analisa as relações entre indivíduos pertencentes a diferentes espécies de um determinado grupo de organismos, bem como entre estes e o meio ambiente;
3. Ecologia das populações - estuda as condições de formação, estrutura e dinâmica dos grupos naturais de uma espécie / "população" da palavra latina populus - povo, população /;
4. Ecologia humana / ecologia social / - reflecte a interação entre a sociedade e a natureza, tendo em conta os interesses de toda a sociedade.
5. Engenharia / aplicada / ecologia, como a geoecologia - aplica o conhecimento ecológico na prática industrial e agrária e o impacto do homem na crosta terrestre;
6. Radioecologia - estuda a ação das radiações ionizantes sobre as biocenoses e a biosfera no seu conjunto;
7. Ecologia bioquímica / ecologia química / - estuda as substâncias específicas com as quais os organismos interagem e regulam as relações ecológicas, bem como as reacções bioquímicas em que essas substâncias participam;
8. Ecologia marinha - tem por objeto o estudo dos ecossistemas dos mares e oceanos.
9. Ecologia espacial - o estudo das condições de habitação dos seres humanos e dos organismos vivos para além dos limites do nosso planeta.

Medidas para a não poluição do espaço na sua habitação e proteção da Terra contra a eventual importação incontrolável de organismos vivos e substâncias perigosas.

Conceitos e termos básicos em ecologia:

- fator ecológico - um elemento do ambiente natural com um impacto significativo no organismo vivo;
- população - grupo de organismos da mesma espécie, que ocupam um determinado espaço e têm muitas características comuns, como a densidade, a natalidade, a mortalidade, o potencial biológico, etc;
- ambiente - uma parte da natureza que afecta a humanidade ou grupos e pessoas individuais;
- biogeocenose - um grupo persistente de plantas, animais e microrganismos em constante interação com os componentes da atmosfera, hidrosfera e litosfera;
- relações entre organismos - diferentes formas de interconexões, que se agrupam em neutralidade, simbiose / coabitação / ou antibiose / predação, parasitismo ou competição/;
- adaptação - adaptação evolutiva dos organismos às condições ambientais;
- poluição - a introdução ou criação no ambiente de agentes físicos, químicos ou biológicos novos e não característicos ou o aumento das suas quantidades acima das normas admissíveis ou existentes;
- crise ecológica - um estado crítico do ambiente, que ameaça a sua existência contínua;
- proteção do ambiente - um sistema de medidas destinadas a manter e assegurar a interação racional entre a humanidade e o ambiente;
- resíduos de produção - resíduos de matérias-primas, materiais e produtos semi-acabados, formados no decurso do processo de produção, que perderam parcial ou totalmente as suas qualidades e não cumprem as normas ou requisitos tecnológicos;
- resíduos domésticos - vários artigos e substâncias já utilizados, cuja renovação e reparação já não é economicamente viável;
- matérias-primas secundárias - um conjunto de resíduos de produção e consumo que podem ser utilizados como material principal ou auxiliar para a produção de produtos;
- método de depuração - um impacto ou processo destinado a capturar ou eliminar um poluente ou um conjunto de poluentes num fluxo de processo libertado para o ambiente;

- produção sem resíduos - uma organização do processo de produção em que os resíduos de produção são minimizados ou completamente processados como matérias-primas secundárias.
- análise do sistema - uma base científica para a criação de produções sem resíduos, formulando claramente o objetivo, o volume e as etapas para a solução eficaz do problema ambiental;
- recursos naturais - corpos, fenómenos e processos naturais que uma pessoa utiliza na sua atividade de produção;
- previsão ambiental - previsão do curso dos processos naturais na presença ou ausência de atividade humana;
- norma ambiental - limites aceites como cientificamente justificados para a poluição admissível dos componentes do ambiente;
- monitorização ambiental - um sistema de monitorização, avaliação, controlo, gestão e previsão do ambiente.

O termo "natureza", no sentido mais lato da palavra, designa tudo o que existe, que surgiu naturalmente e que existe independentemente do homem. No espírito dos povos está fixado que a natureza é o que deu origem a nós. A natureza é a portadora do princípio material, é o ser que se realiza no espaço e no tempo. A natureza está em constante mudança e a matéria em constante movimento. As modernas ciências da terra falam de enormes mudanças nas regiões interiores do nosso planeta ao longo de toda a sua história (cerca de 5 biliões). anos /: mudanças contínuas na aparência e no aspeto; movimento dos continentes; evolução dos oceanos e dos mares; mudança de clima; variação da composição química da atmosfera, etc.

A natureza, enquanto fenómeno, possui vitalidade, atividade e poder criativo. As pessoas são filhos da natureza e possuem as suas propriedades.

A vitalidade da natureza é um estado especial que não é idêntico nem à vida nem à morte. Exprime-se no facto de toda a natureza, desde as partículas elementares até às vastas galáxias, se encontrar num estado de movimento, de mudança e de desenvolvimento constantes, numa unidade de contradições e de harmonia interior.

A força criadora da natureza manifesta-se tanto no grandioso (galáxias, estrelas, planetas), como nas suas mais pequenas criaturas (moléculas, átomos, partículas elementares). O poder criativo da natureza manifesta-se em inúmeras e diversas formas de vida. Todas as espécies de animais existentes na Terra, juntamente com as mais simples (unicelulares), ultrapassam 1,5 milhões.

Nas relações das pessoas com a natureza, podem distinguir-se as seguintes formas:

- de dependência - uma pessoa está dependente das condições naturais, necessitando de água, alimentos, ar, temperatura e outros com determinados parâmetros e composição;
- prática - a natureza é a fonte de vários bens, satisfazendo as numerosas necessidades do homem e da sociedade;
- adaptativo - é o hábito de viver num ambiente natural, de organizar o estilo de vida e o estilo de vida em função das peculiaridades do ambiente natural circundante;
- íntimo - amor pela natureza;
- estética - perceção da beleza da natureza e das experiências, excitada pelas suas imagens e forças majestosas (Angelov et al., 1990).

I. Educação e formação para a proteção da natureza

Para vencer a luta para salvar a natureza, é imperativo que cada cidadão seja educado num sentido de respeito e compreensão do delicado complexo de sol, solo, água, ar e organismos vivos que representa a biosfera do nosso planeta. Este sentimento deve ser formado na criança já no pré-escolar. Os sociólogos defendem que a visão do mundo dos adultos está em grande parte formada ainda antes do sexto ano.

A educação ambiental deve incluir todo o processo de formação da personalidade e dos especialistas, procurando uma maior consciencialização da importância do problema por parte de toda a população da Terra e induzindo o desejo de a população participar ativamente nas actividades de resolução dos problemas ambientais. O problema da proteção do ambiente é complexo porque envolve aspectos económicos, técnicos, sociais, médicos, administrativos, científicos, económicos e outros (Angelov et al., 1990).

O efeito económico mais importante é, na verdade, a compreensão, por parte de cada pessoa, de que todas as actividades e o seu estilo de vida devem ser compatíveis com o ambiente, percebendo que o lucro não é o mais importante. Por conseguinte, todas as medidas que visam a proteção e a utilização racional da terra e do seu subsolo, dos recursos hídricos e da vida vegetal e animal, a preservação da pureza do ar e da água, a garantia da reprodução dos recursos naturais e a melhoria do ambiente são sempre economicamente viáveis. A proteção do ambiente é um problema global e deve ser resolvido não apenas por uma empresa, uma indústria ou uma instituição, mas sobretudo por toda a nação e por toda a humanidade.

Muitos anos após o aparecimento do homem na Terra, emergiu uma consciência ecológica, que passou muito longe da ideia de parentesco coletivo com outros organismos para a compreensão científica do papel e do lugar do homem na biosfera e em toda a natureza. O estado da natureza é uma medida da razoabilidade do comportamento humano (Owen, 1989).

II. Classificação dos recursos naturais

Qualquer componente do ambiente - radiação solar, ar, solo, água, plantas, animais, minerais ou população humana - que possa ser utilizado pela sociedade humana para melhorar o seu bem-estar pode ser classificado como um *recurso natural.*

Os recursos naturais podem ser condicionalmente divididos, de acordo com as necessidades humanas, em inesgotáveis e esgotáveis (nenhum recurso é eterno):

<u>Recursos inesgotáveis</u>

A. Não susceptíveis de mudança. Estes são os recursos que sofrem visivelmente alterações negativas especiais sob a influência da atividade humana.

1. Energia eólica - o resultado das condições climatéricas.

2. Precipitação. Na prática, estão disponíveis montantes ilimitados. No entanto, é muito provável que no futuro a pessoa altere a sua distribuição. Modificação do clima.

3. A energia das ondas de maré - como resultado das relações gravitacionais entre o Sol, a Lua e a Terra.

B. Recursos que podem ser utilizados de forma incorrecta. O perigo de esgotamento total das suas reservas é insignificante, mas quando utilizado de forma inadequada, pode ter um efeito prejudicial na sua qualidade de recurso.

1. Energia solar. A sua quantidade total de plantas verdes diminui devido à poluição atmosférica.

2. A atmosfera - poluição local e global causada pelo fumo, gases de escape dos motores de combustão interna, poeiras radioactivas e industriais, etc.

3. As águas dos oceanos, dos lagos e das correntes fluviais. Todos estão

a ficar cada vez mais poluídos pelo homem.

4. A força da água corrente - o movimento da água sob a ação da gravidade.

5. Vistas naturais no sentido mais lato do termo. Valores estéticos que são vulneráveis à atividade humana.

<u>Recursos debilitantes.</u>

A. Recursos que podem ser mantidos. Trata-se dos recursos cuja acessibilidade ao homem depende das modalidades da sua utilização.

1. Renováveis. Recursos vivos (bióticos) ou dinâmicos, cujo rendimento constante depende de um planeamento e de uma gestão adequados por parte dos seres humanos. A sua utilização incorrecta conduz a danos ou ao esgotamento das suas reservas, com consequências socioeconómicas negativas para os seres humanos.

a) Água em reservatórios naturais - a quantidade e a qualidade da água nos locais específicos a partir dos quais é acessível para utilização - rios, lagos, fontes subterrâneas.

b) Fertilidade do solo - a capacidade do solo para produzir material vegetal útil e necessário para o homem. A recuperação da fertilidade do solo requer tempo e dinheiro.

c) Produtos da terra - os recursos que crescem no solo ou dependem dele:
- produtos agrícolas (legumes, cereais, frutas, fibras, etc.);
- florestas - uma fonte de madeira e celulose;
- pastagens - necessárias para os rebanhos de grandes e pequenos ruminantes para a produção de carne, leite, couro e lã;
- animais selvagens (veados, lobos, águias, etc.)

(d) Os produtos dos rios, lagos e barragens (peixes de água doce - perca, truta, peixe-gato, carpa, etc.).

(e) Os produtos do oceano (peixes marinhos - arenque, cavala; mamíferos marinhos - golfinhos, baleias, focas, etc.).

f) A força humana - física e espiritual.

2. Recursos não renováveis. Uma vez gastos, a sua recuperação é impossível.

a) Espécies de animais selvagens - o pombo-torcaz, o grande gagar (sem asas) e o papagaio-carolino estão extintos. Foram o produto final de talvez milhões de anos de evolução.

(b) Espécimes da vida selvagem. Em apenas mais algumas gerações humanas, o que representa um verdadeiro valor para a vida selvagem deixará de ser restaurado de qualquer forma, mesmo sob a mais dura política ambiental.

B. Recursos não susceptíveis de manutenção. Trata-se de recursos minerais ou minérios. A sua quantidade total é uma quantidade estática. São considerados como um stock dispensável. Quando destruídos ou consumidos, não podem recuperar o seu estado inicial.

1. Recursos reutilizáveis. Estes são os minerais cuja utilização erradicada é pequena. As possibilidades de utilização repetida são grandes.

a) Pedras preciosas e semipreciosas - rubis, esmeraldas, diamantes, safiras, etc.

b) Metais não consumíveis - ouro, platina e prata, uma certa quantidade de ferro, cobre e alumínio. Estes metais podem ser extraídos e transformados em novos produtos - jóias, pratas, vasos, etc.

2. Minerais descartáveis. Incluem-se aqui os minerais com uma utilização muito elevada ou totalmente consumida. O seu esgotamento é apenas uma questão de tempo.

a) Combustíveis fósseis - quando são consumidos no ambiente, libertam gases (potenciais poluentes), calor e água.

b) A maioria dos materiais metálicos - areia de vidro, gesso, sal, etc.

(c) Metais utilizados para consumo - chumbo na gasolina de alto teor de alcatrão e nas tintas, zinco no ferro galvanizado, estanho na produção de tubos, ferro nas latas (Owen, 1989).

III. Fotossíntese

Toda a energia que impulsiona os processos de vida na Terra pode ser rastreada até à sua fonte original, o Sol. A quantidade de energia solar na Terra é de 9 milhões de $kcal/m^2$ por dia em 10 horas de iluminação solar, ou seja, mais de 8,90 biliões de kcal por dia.

A fotossíntese pode ser definida como o processo através do qual a energia solar é utilizada para converter dióxido de carbono e água em açúcares. Com algumas excepções, este processo só pode ocorrer na presença de clorofila, um pigmento que se encontra nas plantas verdes e que serve de catalisador da reação. A equação geral da fotossíntese é a seguinte:

$6CO_2 + 6H_2O + energia$ solar $= C6H12O6 + energia$ química

De certa forma, a energia solar é "apanhada" pela clorofila e transformada em moléculas de açúcar, onde é armazenada sob a forma de energia química. A equação de transição é um pouco enganadora porque assume que o dióxido de carbono (CO_2) se combina diretamente com a água (H_2O) para formar açúcar (C6H^O6). Na realidade, a reação ocorre em duas fases principais: 1) no processo designado por fotólise, a energia solar é utilizada para clivar as moléculas de água em hidrogénio e oxigénio, em que o oxigénio deixa a planta sob a forma de subproduto; 2) Num processo designado por fixação de dióxido de carbono, este último combina-se com o hidrogénio para formar açúcares.

Esta descrição da fotossíntese é uma simplificação demasiado grosseira de um processo extremamente complexo (Owen, 1989).

IV. Níveis de organização da matéria viva

Qualquer pessoa familiarizada com os princípios básicos das ciências biológicas sabe que uma das características únicas de um organismo vivo é a sua organização. Por ordem crescente de complexidade, os níveis de organização são os seguintes: átomo, molécula, célula, tecido, órgão, sistema de órgãos e organismo. Embora também aborde cada um destes níveis, o tema principal da ecologia são os níveis supra-organizacionais - populações, comunidades e sistemas ecológicos ou ecossistemas.

População. O leigo utiliza o termo população (population) para pensar na população humana, mas o ecologista alarga o conteúdo do termo para incluir todos os organismos. Por exemplo, uma população de pinheiro branco ou de veado.

Co-comunidade. O significado deste termo na linguagem quotidiana está associado à cidade ou aldeia, enquanto o ecologista define a comunidade como a quantidade total de todos os tipos de organismos que habitam um local.

Ecossistema. O ambiente de vida de qualquer organismo tem constituintes vivos (bióticos) e não vivos (abióticos) (condicionalmente separados) - solo, água, ar e factores climáticos. Um sistema ecológico (ecossistema) pode ser definido como uma parte da biosfera na qual existe um fluxo bem regulado de energia e substâncias entre os organismos e o seu ambiente. Nos últimos anos, o conceito expandiu-se para abranger os níveis da população e do organismo. É dada especial ênfase ao ciclo dos elementos, à conversão e dissipação de energia e à taxa a que estes processos ocorrem. Os parâmetros característicos de qualquer ecossistema - pântano, lago, pradaria, floresta ou cidade - são estabelecidos e mantidos estáveis por mecanismos reguladores como o crescimento, a reprodução, os padrões de comportamento, os ajustamentos fisiológicos, os factores de mortalidade e os movimentos e deslocalizações em massa - imigração, emigração e migração. É conveniente considerar os ecossistemas como entidades separadas, mas na realidade eles estão separados apenas nas páginas dos manuais escolares. No mundo real, é comum o movimento de substâncias e energia de um ecossistema para outro, independentemente de estarem muito próximos ou separados por milhares de quilómetros. Por exemplo, as "tempestades negras" podem levar a camada superior do solo de um bloco de trigo até ao Oceano Atlântico. Muitas das medidas tomadas pelas instituições situam-se ao nível do ecossistema (Owen, 1989).

V. Princípios em ecologia

Ciclos de substâncias. Estima-se que existam cerca de 92 elementos químicos no universo. Destes, 35 a 40 são necessários para os organismos vivos. Estes elementos passam continuamente do ambiente não vivo para a biomassa dos organismos não vivos e daí para o reservatório abiótico de substâncias (ou elementos).

Ciclo do azoto. O azoto, que representa cerca de 3 por cento do peso do protoplasma, é um componente indispensável de muitos compostos extremamente importantes, como a clorofila, a hemoglobina, a insulina e o ADN (ácido desoxirribonucleico, ou a molécula que define a hereditariedade). Vamos traçar o percurso do azoto desde o grão de trigo até ao homem. Embora a planta de trigo, tal como o homem, não seja capaz de absorver diretamente o azoto atmosférico, pode utilizá-lo sob a forma de nitratos solúveis que se encontram no solo. A planta absorve estes sais com a ajuda das suas raízes. Após muitas reacções químicas, o azoto é incorporado nas moléculas de proteínas do trigo. Quando consumidas pelo homem, estas proteínas são decompostas em aminoácidos sob a ação de enzimas digestivas e são novamente "montadas" em proteínas características do homem.

Os compostos complexos de azoto contidos nos excrementos dos animais e nas plantas e animais mortos são decompostos por bactérias degradantes em compostos relativamente simples do grupo do amoníaco e dos sais de amónio, sendo este processo designado por amonificação. O amoníaco acabado é transformado em nitritos (sais de ácido azotado) pelas bactérias "nitrite". O terceiro grupo de bactérias - nitratos - converte então os nitritos em nitratos - por exemplo, nitrato de potássio (KNO_3) ou de cálcio ($Ca(NO_3)_2$). A conversão de compostos de amónio em nitrato é designada por nitrificação. Considera-se que o ciclo do azoto está completo quando uma planta absorve do solo os nitratos nele dissolvidos.

Certos tipos de bactérias do solo, conhecidas como desnitrificantes, são capazes de decompor os compostos de amónio, nitritos e nitratos e utilizar a energia neles contida para a sua atividade vital. Neste processo, o azoto gasoso é libertado como subproduto da atividade bacteriana. Ao mesmo tempo, sai temporariamente do ciclo e torna-se inacessível aos organismos vegetais e animais.

Este processo é conhecido como desnitrificação. É típico de solos pouco arejados, nos quais o teor de oxigénio é demasiado baixo. No entanto, com um bom arejamento dos solos, as mesmas bactérias oxidam normalmente os hidratos de carbono para satisfazer as suas necessidades energéticas. Naturalmente que uma lavoura correcta e atempada mantém a sua fertilidade, em parte devido ao atraso na desnitrificação.

A investigação demonstrou que certos pesticidas organoclorados actuam de forma inibidora sobre as bactérias nitrificantes. Esta é uma das razões essenciais pelas quais a utilização de pesticidas deve ser reduzida ao mínimo. Se a população de bactérias do solo for significativamente reduzida, o ciclo dos nutrientes minerais de que depende a existência das plantas, dos animais e, em última análise, do homem, será seriamente afetado. A maioria dos organismos vivos não pode absorver diretamente o azoto gasoso, apesar da sua abundância na atmosfera. Então como é que se fixa ou "põe em circulação"? O azoto gasoso pode ser ligado a um composto químico graças a poderosas descargas eléctricas na atmosfera, por exemplo, durante uma trovoada. As erupções vulcânicas são uma fonte menor de azoto quimicamente ligado. Por conseguinte, pensa-se que, por enquanto, a fonte mais importante de compostos de azoto são as bactérias e outros microrganismos do solo e da água. Alguns grupos destes organismos encontram-se, de facto, em grande abundância no solo e na água. Outros encontram-se apenas nas raízes de mais de 190 espécies de plantas, incluindo leguminosas (alfafa, ervilhas, feijão, soja, etc.) e algumas espécies de coníferas e amieiros. Estima-se que o teor de azoto do solo pode ser aumentado em 9 kg por hectare e por ano, apenas com a cultura de leguminosas. A fertilidade (e, por conseguinte, a produção de peixes) de alguns lagos de montanha pode depender, em grande medida, da atividade de bactérias que repõem constantemente as reservas de azoto ligado e que vivem nas raízes dos amieiros circundantes.

O ciclo do carbono. O carbono é o elemento chave na estrutura molecular de todos os organismos, desde as bactérias até ao homem. É um elemento indispensável em todos os compostos orgânicos característicos da matéria viva. O principal reservatório do lobo é a atmosfera. A coluna atmosférica acima de cada acre da superfície da Terra contém 1,5 toneladas de carbono. Um hectare de vegetação exuberante retira da atmosfera cerca de 5 toneladas de carbono por ano. Quando o carbono entra através dos estomas nas folhas de uma planta (por exemplo, o trevo), liga-se ao hidrogénio e forma açúcares no processo de fotossíntese. Mais tarde, quando as folhas do trevo são comidas por um animal que come plantas, como um veado, os compostos orgânicos que contêm carbono são absorvidos pelo sistema digestivo do animal e convertidos no protoplasma das suas células.

Quando um predador (por exemplo, uma pessoa) come a carne do veado, no processo de digestão e absorção, esta transforma-se no seu protoplasma. Em todos estes organismos - trevo, veado e homem - algum carbono deixa a cadeia durante a respiração. Este é o processo pelo qual o corpo "queima" os "combustíveis" orgânicos (hidratos de carbono, proteínas e gorduras) nas suas células e extrai a energia neles contida sob uma forma conveniente para as suas necessidades. Nas plantas, o carbono é libertado sob a forma de dióxido de carbono para a atmosfera através dos estomas das folhas; nos animais, é novamente exalado sob a forma de (CO_2) através das vias respiratórias. Os restos de carbono dos organismos mortos (trevo, veado, homem) ou os resíduos da sua atividade vital (excrementos e urina dos animais) são decompostos por bactérias e fungos que se encontram por todo o lado no solo, no ar e na água. No processo de decomposição, o carbono é libertado no solo e no ar.

Há cerca de 300 milhões de anos, durante o período carbonífero, nas áreas que abrangem os actuais estados da Pensilvânia, Virgínia Ocidental, Ohio, etc., cresceram fetos arbóreos gigantes e outras plantas tropicais. Muitas destas plantas foram dominadas por sedimentos e sedimentos de fundo de antigas lagoas, razão pela qual os seus tecidos evitaram a decomposição bacteriana. Em vez disso, foram transformados em carvão. Da mesma forma, os restos de antigas plantas e animais transformaram-se em petróleo e gás natural. O carbono contido nestes chamados combustíveis fósseis estava fora do ciclo de 300 milhões de anos - apenas até o homem da era industrial começar a utilizá-los para a produção de calor e energia.

O oceano, que cobre 70% da superfície da Terra, é também um reservatório de carbono. Aí, este elemento encontra-se sob a forma de dióxido de carbono dissolvido na água dos oceanos. O carbono penetra-lhe principalmente a partir da atmosfera. Pode ser incorporado nos tecidos das plantas através da fotossíntese, depois nos tecidos dos peixes herbívoros e, por conseguinte, nos corpos dos organismos que se alimentam de peixes, como os tubarões, as aves aquáticas, as baleias e os seres humanos. Parte deste lobo regressa a um reservatório oceânico quando os organismos marinhos respiram. Uma parte é utilizada pelos mexilhões, ostras, caracóis marinhos e corais para degenerar as suas conchas e esqueletos sob a forma de carbonato de cálcio.

Durante milhões de anos, o ciclo do carbono tem estado em equilíbrio dinâmico, com o carbono que entra na atmosfera a ser equilibrado pela quantidade de carbono que dela é retirada. No entanto, devido ao consumo acelerado de combustíveis fósseis, que lhe fornecem calor e energia, o homem libertou para a atmosfera cerca de 200 mil milhões de toneladas de dióxido de carbono. Este facto resultou num aumento de 10% do teor de elementos na atmosfera (de 290 para 320 g/t e até mais). Os cientistas não sabem ao certo quais serão as consequências deste aumento em termos de sobrevivência humana.

Leis da Termodinâmica. A primeira lei afirma: Embora a energia não possa ser criada ou destruída, pode passar de uma forma para outra. Assim, a energia térmica libertada pela combustão do carvão é essencialmente a energia dos raios solares que inundaram a Terra há cerca de 300 milhões de anos. Esta energia solar foi captada pela clorofila das plantas, convertida em energia química e armazenada nas moléculas orgânicas dos tecidos vegetais. Com o tempo, os restos transformaram-se em carvão. Quando o carvão é queimado nas centrais térmicas (centrais termoeléctricas), a energia química nele contida é convertida em calor, que por sua vez é utilizado para produzir vapor. O vapor acciona as turbinas. A energia mecânica da turbina em rotação, através do gerador de eletricidade, é convertida em energia. Quando acendemos a lâmpada, a energia eléctrica é convertida em radiante. Neste exemplo, a energia foi transformada sequencialmente de radiante em química, em térmica, em mecânica, em eléctrica e, finalmente, novamente em radiante.

A segunda lei da termodinâmica afirma: Quando a energia passa de uma forma para outra, uma certa quantidade é perdida sob a forma de calor (por exemplo, a energia da gasolina nos automóveis, em que cerca de 25% da energia é convertida em mecânica, os restantes 75% são convertidos em calor e dissipados no espaço).

Cadeias alimentares. Com o termo cadeias alimentares entende-se a conversão de energia e substâncias numa série de organismos no processo contínuo de alimentação. O homem é o elo final de muitas cadeias alimentares, se não considerarmos a continuação da cadeia alimentar após a morte de uma pessoa, quando ela se torna o alimento de vários organismos vegetais e animais. Uma cadeia típica é, por exemplo, o esquema milho - faisão - raposa.

Teias alimentares. Este conceito pode ser definido da seguinte forma: múltiplas cadeias alimentares ligadas e entrelaçadas entre si. De facto, exceto nos manuais de ecologia, a cadeia alimentar não existe de forma independente. Vejamos a cadeia alimentar do milho e do homem como exemplo. O porco come outros alimentos para além do milho, por exemplo, ratos, ratazanas, insectos, larvas, bichos-da-chuva, galinhas de capoeira, erva, ervas daninhas, restos de comida, etc. Assim, para além da carne de porco, o homem consome tudo, desde cogumelos a amendoins e desde peixe frito a faisão estufado. Na natureza, portanto, as cadeias alimentares existem como uma teia alimentar complexa e emaranhada separada.

Pirâmides ecológicas. *Pirâmide de números.* Numa cadeia alimentar que termina num predador, o número de indivíduos é maior ao nível dos produtores - plantas, mais pequeno é o número de organismos herbívoros e o mais pequeno é o número de organismos carnívoros. Este conceito, também conhecido como "pirâmide dos números", foi desenvolvido pela primeira vez pelo ecologista britânico Charles Elton em 1927.

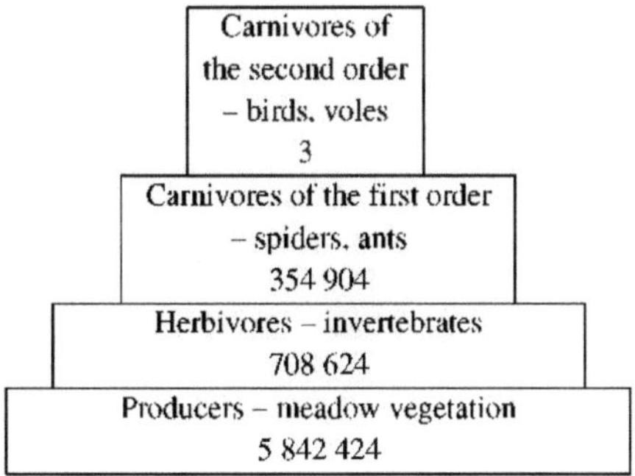

Pirâmide de números, construída com base no número de organismos individuais, estabelecida num sítio experimental de 4 acres com vegetação de prado produtor. Os organismos estão dispostos por níveis tróficos (nutricionais).

Pirâmide de biomassa. A massa da substância viva (protoplasma) de um organismo, população ou comunidade é chamada em ecologia de massa biológica ou biomassa. Numa cadeia alimentar típica que termina com um predador, como minhoca - antílope - puma, há uma diminuição progressiva da biomassa total para cada nível trófico subsequente.

A pirâmide da energia. Os físicos definem a energia como a capacidade de realizar trabalho. Todos os organismos necessitam de energia para a sua atividade vital. É necessária para a captura, digestão e absorção dos alimentos, na sua transformação em proteínas de consumo próprio, na síntese de hormonas e enzimas, para a circulação sanguínea, para a manutenção da temperatura corporal, respiração, excreções e movimento. A planta necessita de energia para realizar a fotossíntese, para a síntese de hormonas de crescimento e corantes, para a formação de flores e sementes. Todos os organismos necessitam de energia para o seu crescimento e reprodução. Ao contrário dos elementos, a energia não pode ser incluída em nenhum ciclo, mas é constantemente emitida e dissipada no espaço e, portanto, deve ser continuamente reabastecida pela energia solar incidente.

Apenas uma pequena parte desta energia solar é absorvida pelas plantas verdes. Além disso, a eficiência da sua conversão em energia química das moléculas de açúcar é apenas de cerca de 1%. Um animal herbívoro, como uma vaca, tem uma eficiência de 10% na conversão de alfafa ou erva em carne. O animal carnívoro, neste caso o homem, tem igualmente uma eficiência de 10% na conversão da carne de vitela nas suas próprias proteínas. Grande parte da energia importada é gasta na respiração, o processo pelo qual a energia original dos alimentos passa para uma forma que pode ser usada pelo corpo para manter várias funções vitais. Devido à baixa eficiência desta conversão de energia ao longo da cadeia alimentar humana, acaba por receber 1 kcal na sua alimentação por cada 1 milhão de kcal solares. Vejamos a cadeia alimentar erva - vaca - homem. Para a produção de 45 kg de carne de vitela, necessária para a construção de 4,5 kg de biomassa humana, é necessário gastar 450 kg de massa verde para alimentar a vaca. Este facto está bem ilustrado na seguinte pirâmide energética (Owen, 1989).

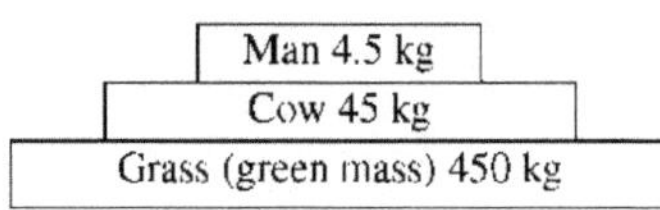

Pyramid of energy.

VI. O homem e a floresta

A árvore - um organismo vivo. É constituída por:

1. As raízes. Desempenham três funções importantes: suporte, absorção e armazenamento (para alimentos de reserva).

(a) Função de suporte. O sistema radicular de uma árvore é muito mais complexo do que o das outras plantas e do que a maioria das pessoas imagina. Forma entrelaçamentos complexos e numerosos ramos cada vez mais finos, adaptados para fixar a árvore no solo. Um carvalho de 11 m de altura tem um sistema radicular que se precipita para baixo com uma força suficiente para fender a rocha do colarinho até uma profundidade de 4,20 m e que se estende à volta da árvore a 18 m da sua base.

b) Função de absorção das raízes. Através delas, a árvore absorve água, oxigénio e nutrientes minerais (nitratos e fosfatos) do solo. As raízes das árvores extraem cerca de 90 litros de água por cada quilograma de açúcar fotossintetizado na sua folhagem.

(c) Armazenamento de nutrientes em excesso. A maior parte das raízes serve de armazém para as quantidades excedentárias de alimentos produzidos a partir da folhagem da copa e encaminhados até elas através dos ramos e do caule. Durante os períodos de stress, quando a fotossíntese diminui devido à seca, ao frio ou ao ataque de insectos comedores de folhas, o amido rico em energia armazenado nas raízes é convertido em açúcares solúveis e transportado pelo tronco até aos órgãos deficientes em nutrientes.

2. Tronco. É a parte mais valiosa da árvore para a atividade económica do homem.

(a) Casca exterior, ou cortiça. É constituída por células mortas com paredes muito espessas impregnadas de materiais impermeáveis. Paralelamente ao crescimento do tronco da árvore em espessura, a pressão exercida do interior para o exterior faz com que a casca se rache de "cristas", sulcos, escamas ou placas, que são características de cada espécie. Muitas vezes, uma espécie de árvore pode ser determinada apenas observando a textura da casca e o padrão da camada de cortiça. A casca exterior retém a humidade no tronco e serve como primeira linha defensiva contra insectos perfuradores de madeira, contra a invasão de hifas de fungos, contra o fogo e contra herbívoros e vertebrados como roedores, coelhos, veados, etc.

(b) Lico (crosta interna, ou floema). Situa-se diretamente abaixo da crosta externa de uma camada fina. É constituído por células bastonetes alongadas (floema). Empilhadas lado a lado em longas colunas verticais, estas células formam o líco, vasos condutores para a rápida transferência de açúcares, fotossintetizados a partir das folhas, até às raízes para utilização imediata ou armazenamento. Alguns animais herbívoros, como os ratos e os coelhos, podem descascar a casca da árvore de todos os lados durante a sua alimentação e, como isso interrompe o fornecimento de alimentos às raízes, a árvore morre inevitavelmente.

(c) Câmbios. É uma camada delicada de células embrionárias, situada diretamente no interior da face. Estas células multiplicam-se incessantemente ao longo da vida da árvore, à medida que as que se encontram no exterior (em direção à casca) se diferenciam em basto (floema), e as que formam a superfície cambial interior se transformam em células de madeira, ou xilema (da palavra grega xylon - árvore). O crescimento do tronco da árvore em espessura, desde a semente até ao patriarca da floresta, é efectuado exclusivamente pela camada de células cambiais.

(d) Madeira. As células do xilema, que se encontram continuamente separadas da superfície interna de um câmbio, podem apresentar-se sob a forma de elementos vasculares cilíndricos relativamente longos, ou traqueias, ou sob a forma de traqueias muito mais curtas e afiladas em ambas as extremidades. A madeira das espécies caducifólias pode ser composta por traqueias ou traqueídos; as traqueias das coníferas estão ausentes. Eventualmente, as traqueias e os traqueídos morrem, perdem o seu protoplasma e transformam-se em vasos condutores lenhosos. Até 3500 litros de água podem passar diariamente através da madeira de um carvalho grande. Uma vez que as paredes das células do xilema são duras e espessas, formam o "esqueleto" da árvore e representam um suporte para o peso total dos ramos, galhos, folhas, flores e frutos. A madeira da maioria das árvores de folha caduca é dura e densa, e a da maioria das coníferas é macia e porosa.

Se considerarmos um corte transversal de um tronco de árvore, veremos, sobretudo, que a madeira se divide numa parte interior mais escura, seca e densa, designada por cerne, ou núcleo, e numa camada mais clara, húmida e porosa que envolve o núcleo - o alburno. O alburno é constituído por células ocas e mortas do xilema que transportam ativamente água e nutrientes minerais do solo. À medida que envelhecem, estas células enchem-se de resinas vegetais, substâncias tanantes, etc., de tal forma que perdem a sua capacidade condutora. Tornam-se então parte do núcleo. Em algumas espécies, a cor invulgar do cerne, como a nogueira preta *(Juglans nigra),* o zimbro da Virgínia *(Juniperus virginiana)* e o pau-brasil *(Sequoia gigantea),* representa em grande medida o seu valor. No coração das árvores envelhecidas instalam-se frequentemente cogumelos que provocam a podridão do tronco. Os troncos destas árvores tornam-se rapidamente ocos e perdem completamente o seu valor para a indústria da madeira.

Determine a idade das árvores. As células do xilema que se formam a partir de um câmbio durante as estações em que a árvore tem humidade suficiente são relativamente grandes em diâmetro e com paredes mais finas. Pelo contrário, o xilema formado durante o período de humidade insuficiente é composto por pequenas células de paredes grossas. Nas zonas temperadas, onde os períodos húmidos alternam com os períodos secos, a madeira forma círculos anuais concêntricos claramente diferentes. Os silvicultores podem facilmente determinar a idade da árvore através de um simples recenseamento. Em vez de cortar a árvore inteira, o silvicultor pode utilizar uma ferramenta chamada broca de crescimento para retirar uma amostra da madeira. Desta forma, determina-se a idade de uma árvore "viva" e, paralelamente, determina-se a idade de abate da plantação. As bétulas são semi-maduras aos 40 anos, os bordos - 50 a 70 anos, os carvalhos e as nogueiras podem viver 200-300 anos ou mais. As coníferas vivem geralmente mais tempo do que as árvores de folha caduca, uma vez que as resinas contidas na sua madeira e em todos os seus tecidos as tornam mais resistentes aos ataques de insectos e fungos parasitas.

Qualquer alteração mais acentuada na largura dos círculos anuais na madeira de uma árvore pode refletir condições ambientais anormais. Por exemplo, círculos extremamente estreitos sugerem ao silvicultor que o crescimento da árvore foi excessivamente limitado precisamente nesse ano devido a seca, ataques de insectos ou fungos parasitas. Pode também significar que o crescimento foi reduzido devido a uma forte rivalidade com as outras árvores pelo sol, água e substâncias minerais.

3. As folhas. A anatomia e a função da folha das árvores foram abordadas no capítulo sobre a fotossíntese.

4. Órgãos de reprodução.

(a) Na árvore de folha caduca. Os órgãos genitais da árvore estão localizados na sua cor. Nas árvores de folha caduca, como a macieira, a cerejeira, a magnólia, as flores são grandes e de cores vivas, enquanto as cores do salgueiro, do ulmeiro, do choupo, da bétula e do ácer são muito mais pequenas e imperceptíveis.

b) Na árvore conífera. Nas florestas de coníferas, as flores são muito pequenas e estão escondidas entre as escamas dos cones. As flores das coníferas são de dois tipos: as masculinas, que produzem pólen, e as femininas, que produzem ovos.

Métodos de gestão florestal.

1. Rendimento sustentável da madeira. Para que o rendimento seja sustentável, é necessário que a colheita anual de biomassa lenhosa seja compensada pelo crescimento anual da biomassa lenhosa.

2. Abate de árvores a céu aberto. Por exemplo, se tivermos 60 acres de floresta de choupos e quisermos extrair uma determinada quantidade de madeira por ano para a produção de pasta de papel e celulose, podemos, durante quinze anos, cortar 4 acres da floresta todos os anos. No final deste período, se cada área cortada for correcta e atempadamente plantada com jovens rebentos, teremos 15 classes de idade, cada uma com 4 hectares com idades compreendidas entre 1 e 15 anos. No final deste período de quinze anos, poderemos cortar 4 hectares de floresta quinquenal para a produção de pasta de papel e papel, ano após ano, por tempo indeterminado, desde que assegure todos os anos a florestação adequada da secção cortada.

3.	Exploração eleitoral. É utilizado em plantações compostas por árvores de diferentes idades ou plantações mistas compostas por espécies com madeira valiosa e espécies de árvores "infestantes". As árvores adequadas são marcadas e só elas são cortadas. O método é mais caro e lento, mas, ao contrário do abate a céu aberto, não provoca erosão, aceleração do fluxo de água e afloramento feio das secções.

4.	Florestação. É efectuada natural ou artificialmente. As áreas florestais que foram destruídas pelo fogo, insectos, doenças das árvores, vento ou minas a céu aberto também devem ser arborizadas se a exploração madeireira não for uma atividade importante na área. No caso de abate de árvores, podem ser deixadas no cume do terreno várias árvores maduras, frescas e resistentes ao vento como produtoras de sementes. A arborização pode ser feita com sementes ou com mudas, previamente crescidas até uma certa idade, que podem ser de pequeno ou grande porte.

5.	Utilização multilateral das florestas. A floresta pode ser utilizada não só para a extração de madeira, mas também para a água, o ar puro, os alimentos, a vida selvagem, as bagas, os cogumelos, as ervas, o recreio e o restabelecimento das forças morais e físicas da população, a luta contra a erosão e as pastagens.

A madeira também pode ser utilizada de forma abrangente, fazendo pleno uso dos materiais residuais na exploração florestal e no trabalho da madeira (casca, aparas, serradura, madeira de baixa qualidade). Produção do chamado aglomerado de partículas - material obtido através da prensagem de serradura, aparas, aparas e outros materiais residuais.

Tipos de incêndios florestais. Os incêndios florestais são:

1)	Incêndios de superfície. Este é o tipo mais comum de incêndio florestal. Desloca-se ao longo da superfície da terra e é alimentado pelos leitos mortos da floresta, queimando agulhas de pinheiro murchas, folhas caídas, galhos, cipós, arbustos, árvores murchas derrubadas, fungos superiores murchos e ninhos de aves que nidificam no solo. Soprados pelo vento, estes incêndios podem ser intensos, mas de curta duração. Estes incêndios chamuscam a casca de algumas madeiras, o que pode mais tarde torná-las vulneráveis a doenças e parasitas. O lado mais destrutivo de um incêndio de superfície é o facto de queimar milhões de sementes germinadas e sementes, destruindo assim a futura floresta.

2) Incêndios no subsolo. Os incêndios de superfície podem passar para o subsolo, onde arde o conteúdo de húmus e turfa do solo localizado imediatamente abaixo dos leitos florestais mortos. Por vezes, o fogo penetra até uma profundidade de 1,80 m. Estes incêndios são raros e caracterizam-se por uma carência de oxigénio, não sendo soprados pelo vento. Por estas razões, actuam de forma lenta mas contínua - por vezes durante meses - com muito fumo e quase nenhuma chama. A enorme quantidade de calor formada pode destruir as árvores, matando as suas raízes subterrâneas, particularmente sensíveis ao calor. Os incêndios no subsolo são extremamente destrutivos para o conteúdo orgânico dos solos podzólicos, reduzindo fortemente a sua função de absorção e retenção de água. Além disso, ao destruírem milhares de milhões de bactérias e fungos do solo, reduzem a importância do solo no ciclo do azoto e outros elementos vitais para o ecossistema florestal. O solo construído pela natureza ao longo de vários séculos pode ser destruído por um incêndio no subsolo numa questão de horas e transformado numa matéria inerte e estéril que já não é capaz de sustentar a vida.

3) Incêndios de copas. Os incêndios de copas altamente destrutivos também podem surgir de um incêndio de superfície. No entanto, as copas das árvores também podem ser incendiadas por faíscas sopradas pelo vento. As chamas do leito morto em chamas encontram o seu caminho para o manto florestal a partir dos líquenes e musgos secos e flácidos nos ramos e troncos ou na resina vazada das espécies de coníferas. O calor do fogo de superfície inflama as agulhas secas dos ramos mais baixos das coníferas. Com ventos fortes, os fogos de copa são transferidos de copa para copa a uma velocidade de 65 km / h. As faíscas transportadas pelo vento e as principais voam muito à frente do fogo principal e inflamam focos individuais, aumentando assim grandemente o perigo para as pessoas e os animais.

Causas dos incêndios florestais. Um estudo sobre os incêndios florestais revela que estes se devem principalmente à atitude irresponsável das pessoas em relação à proteção das florestas e dos seus recursos. Cerca de 90% dos incêndios florestais são provocados pelo homem. Apenas 10% são devidos a causas naturais - por exemplo, relâmpagos.

Combate aos incêndios florestais.

1) Não acenda uma fogueira na floresta. Não fume nem faça queimadas intencionais. Se for necessário acender uma fogueira, deve tomar medidas contra um possível incêndio. Deite sempre água quando já não precisarmos dela e enterre-a com terra.

2) Deteção de incêndios. Utilização de torres de observação. Observação a partir de um avião. Uma vez localizado um incêndio florestal, a sua localização exacta é especificada e os dados são enviados por rádio para a central. Os grupos de bombeiros são atribuídos e os veículos são enviados, e o expedidor dá o alarme às corporações de bombeiros. Por vezes, são necessários milhares de bombeiros. Alguns deles podem ser lançados de para-quedas se a zona não permitir um acesso fácil por terra. O mais eficaz é o combate à noite, pois o fogo enfraquece devido à temperatura mais baixa e os bombeiros não sentem tanto a força do fogo. Nessa altura, os contornos das chamas são também mais bem visíveis.

3) Faixas de fogo (cinturões). Têm uma largura de 3 km e são efectuadas ao longo da área abrangida pelo incêndio com charruas especiais, bulldozers e motosserras. Periodicamente, são limpas da vegetação que nelas se instalou. Como são desprovidas de materiais combustíveis, impedem efetivamente o avanço do fogo.

4) Fogo cruzado. Por vezes, para dissuadir o fogo que avança, a secção da floresta situada entre este e a faixa de fogo é incendiada. Se o vento soprar na direção certa, o fogo que se aproxima queima tudo no caminho para o fogo principal e, quando os dois fogos se encontram, apagam-se por falta de combustível. No entanto, se o vento mudar subitamente de direção, o fogo que se aproxima pode transformar-se num boomerang e complicar as coisas.

5) Água. O fogo pode ser regado com água de um tanque portátil nas costas de um bombeiro individual ou de um camião-cisterna. As motobombas portáteis podem retirar água de um riacho ou de um lago próximo. Alguns corpos de bombeiros dispõem de um equipamento especial que permite escavar em 15 minutos um poço não muito profundo para extrair água. Em terrenos acidentados, podem ser colocados até 500 m de mangueira com a ajuda de um helicóptero em menos de um minuto. Alguns aviões dispõem de reservatórios de água especiais que são enchidos durante o voo sobre a superfície da água de um lago ou de uma barragem próxima e depois despejados sobre o

fogo.

6) Produtos químicos que abrandam o processo de combustão. Sobre o fogo furioso podem ser espalhados produtos químicos cujo efeito de abrandamento da combustão é três vezes mais poderoso do que sobre a água. Estas substâncias podem ser pulverizadas a partir de um pulverizador dorsal ou de um avião, como bombas químicas. Estas substâncias são a água viscosa, o borato de sódio, a argila bentonítica e os compostos de amónio.

7) Aerofotografias. A partir do ar, são tiradas fotografias do incêndio, manifestadas no avião e lançadas de para-quedas para os bombeiros em terra. As fotografias mostram ao diretor da operação a configuração geral da área coberta pelo incêndio e o estado do incêndio. Podem sugerir-lhe a melhor forma de afetar o seu pessoal, não só para a supressão mais rápida e eficiente do incêndio, mas também para evitar possíveis acidentes (Owen, 1989).

VI. O planeta Terra e a crosta terrestre

O planeta Terra é o maior e mais maciço dos planetas do tipo terrestre do Sistema Solar, e todas as suas outras propriedades físicas decorrem deste facto. Estas propriedades fazem com que a nossa Terra seja verdadeiramente o único planeta multicolorido do sistema solar. É a rainha indiscutível da beleza graças à maquilhagem da sua superfície. Finalmente, a Terra é o único planeta do sistema solar que, na altura certa, deu lugar à "vida" e acabou por se tornar o lar cósmico de seres inteligentes que conseguem compreender o seu local de nascimento no universo.

Pela sua posição no sistema solar, a Terra está situada entre Vénus e Marte. A Terra orbita o Sol a uma distância média de 149.598 milhões. órbita aproximadamente circular durante um período de 365 dias, 6 horas, 9 minutos e 9,35 segundos. A Terra também gira sobre o seu próprio eixo durante um período de 23 horas, 56 minutos e 4,09 segundos (um intervalo de tempo a que chamamos dia). Além disso, a direção do eixo da Terra não permanece constante no espaço, mas precessa lentamente como o eixo de um pião com um período de 25.800 anos.

A Terra como um todo é constituída por duas partes fisicamente distintas, *um núcleo* que se estende a 3.470 km do centro e o *manto* circundante, cujo invólucro mais exterior é designado por *crosta*.

Em volume, o núcleo representa apenas cerca de 16% de toda a Terra, sendo os restantes 84% ocupados pelo manto. No entanto, a massa do núcleo equivale a quase um terço da massa da Terra e, na sua estrutura e composição, o núcleo é tão diferente do manto que é quase um "planeta dentro do planeta". Estudos sísmicos do núcleo mostram que o núcleo tem propriedades fluidas e está, portanto, no estado fundido. A composição do núcleo é metálica, sendo as suas partes constituintes o ferro e o níquel com impurezas de enxofre ou, mais provavelmente, óxidos de silicato fundidos. No interior do núcleo líquido existe um núcleo interior com um raio de 1.250 km, cuja substância se manifesta novamente como um sólido e é provavelmente constituída por metais puros solidificados pela enorme pressão, que no centro da Terra pode ultrapassar os 3,6 milhões de atmosferas. A temperatura da superfície que separa o núcleo e o manto é de cerca de 5500-6000°C. Por outras palavras, o núcleo da Terra pode ser quase tão quente como a superfície do Sol.

A crosta do nosso planeta estende-se a uma profundidade de apenas 30-40 km, onde o peso das camadas que se encontram no topo cria uma pressão de cerca de 8.900 atmosferas.

A esta profundidade, a densidade das rochas da crosta aumenta acentuadamente e continua a aumentar ao longo do manto. As partes exteriores do manto, até uma profundidade de cerca de 400 km, são constituídas por rochas cujos principais constituintes são o oxigénio e o silício, enquanto que, a profundidades maiores, o alumínio é gradualmente substituído pelo magnésio. A cerca de 2.900 km da superfície, a composição da Terra sofre profundas alterações físicas e químicas.

A composição química da Terra como um todo é de ferro - encontra-se principalmente no núcleo e ocupa 39% da massa total do planeta. Oxigénio - o segundo elemento mais abundante em peso e constitui 27%, silício - 14%, magnésio - 1%, enxofre e níquel - cerca de 2,7%, e alumínio e carbono - cerca de 1%. Todos os outros elementos são menos de 2% da massa total. A massa total era de 31,4% no núcleo, 68,1% no manto e 0,5% na crosta.

A crosta terrestre é constituída por rochas ligeiras (de menor densidade) e, por isso, têm vindo à superfície ao longo do tempo, continuando o seu movimento a um ritmo de 0,1-1 mm por ano. Estas rochas constituem os continentes e os fundos oceânicos, e a sua espessura não é uniforme em todo o globo. Em termos de massa, a crosta representa menos de 0,01% de toda a Terra. As análises laboratoriais revelaram que os principais elementos químicos destas escamas são o oxigénio (cerca de 47% em peso), o silício (28%) e o alumínio (8,4%), seguidos do ferro (2,5%), do cálcio (2,4%) e de outros elementos em quantidades ainda menores. No que diz respeito à composição mineralógica, as zonas continentais são constituídas por granitos (compostos pelos minerais: quartzo, ortoclase, mica, etc.), enquanto os estratos subjacentes são maioritariamente basálticos (olivina, plagioclase, etc.).

Os materiais rochosos da superfície terrestre, destruídos química, física ou biologicamente, são transportados, depositados ou redepositados em locais apropriados da superfície terrestre, dando origem a rochas sedimentares como os calcários, os arenitos, as argilas, os argilitos, etc., bem como aos solos (Copal, 1990).

VII. Natureza dos solos

Formação do solo. "Do suor comerás o teu pão, até que voltes à terra, porque dela foste feito, pois em pó eras e em pó te hás-de tornar." Esta passagem da Bíblia da criação (Génesis 3:19), escrita por Moisés há mais de 3.000 anos, pode ser apreciada pelos modernos cientistas do solo e ecologistas.

Todas as plantas terrestres superiores criam raízes no solo. Dele absorvem a humidade vital e os nutrientes minerais. O homem, por sua vez, alimenta-se destas plantas, de organismos herbívoros ou de predadores que comem animais herbívoros. Assim, pela sua própria natureza profunda, toda a vida na terra provém do "pó da terra". E quando uma pessoa morre, os elementos extraídos da terra que constituem o seu corpo voltam a ela através dos processos de decomposição bacteriana.

O desenvolvimento e a formação de um solo maduro é um fenómeno complexo em que participam e interagem processos físicos, químicos e biológicos. O tempo durante o qual um determinado solo é construído depende não só da intensidade com que os processos ocorrem, mas também do carácter da rocha-mãe, a partir de cujo material o solo é formado. Os especialistas calculam que a formação de uma camada de 2,5 cm de arado numa rocha basáltica demora entre 200 e 1200 anos, dependendo do clima. No entanto, as rochas macias não monolíticas, como as cinzas vulcânicas, os xistos ou os depósitos de areia e as dunas, permitem a formação de um solo capaz de suportar uma vegetação diversificada em apenas algumas décadas.

Muitos solos não se desenvolvem sobre uma rocha-mãe subjacente, mas são formados a partir de materiais arrastados pelos glaciares, pelos ventos e pela água. Os principais processos na formação e constituição dos solos são físicos, químicos e biológicos.

Processos físicos. A alternância rápida e relativamente frequente de aquecimento e arrefecimento provoca uma expansão e contração irregulares da rocha, o que acaba por provocar a sua fissuração, descamação e esmagamento. Este é o principal processo de formação do solo no clima mais seco do bioma desértico, onde o ciclo diurno, especialmente no verão, pode ser caracterizado por flutuações de temperatura muito acentuadas.

Nas latitudes temperadas, a congelação e a fusão são características, uma vez que a precipitação é relativamente abundante. Com o aquecimento súbito no inverno, a água da neve preenche todos os poros e fendas das rochas superficiais. No frio que se segue, esta água congela e exerce uma pressão significativa sobre as paredes dos poros e fendas, o que provoca fissuras e desmoronamentos na rocha.

Processos químicos. Muitas vezes, os processos químicos estão envolvidos na formação do solo ao mesmo tempo que os processos físicos. Sob a ação de vários agentes químicos, a superfície lisa e densa da rocha mais forte é corroída, tornando-se porosa e macia. Os principais processos químicos envolvidos na formação do solo são a hidrólise, a oxidação e a dissolução.

Hidrólise. Em grego, esta palavra significa literalmente decomposição ou degradação pela água. Por este termo entendem-se as reacções químicas em que os vários minerais das rochas se decompõem sob a ação da água.

Oxidação. Uma vez que este processo consiste na ligação dos minerais da rocha com o oxigénio da atmosfera, ocorre mais intensamente na sua superfície. A oxidação é o processo mais caraterístico da meteorização das rochas sedimentares que contêm ferro. O óxido de ferro (FeO), por exemplo, pode ser oxidado a trióxido de ferro (Fe_2O_3). Como resultado da oxidação, as rochas que contêm ferro são destruídas mais facilmente.

Dissolução. Manifesta-se de forma mais evidente nas rochas calcárias. Aqui, a água que penetra por gravidade, transportando o dióxido de carbono dissolvido da atmosfera, corrói gradualmente os poros, buracos e canais da rocha-mãe. Por vezes, o material dissolvido pode ser transportado a uma distância considerável antes de se depositar e participar na formação do solo. Em determinadas condições, formam-se enormes cavidades subterrâneas no maciço calcário - grutas com estalactites e estalagmites multicoloridas, que constituem um fenómeno natural de rara beleza.

Processos biológicos. O desenvolvimento e a formação de um solo maduro são também o resultado da atividade de um grande número de organismos vivos diferentes. Extremamente importantes são as bactérias que afectam de muitas formas a estrutura do solo, o seu arejamento, o teor de humidade e a fertilidade. Os líquenes e os musgos são os primeiros organismos que se instalam na rocha-mãe, retêm os minerais e as partículas orgânicas transportadas pelo vento - grãos, insectos mortos, fios e sementes de plantas, excrementos, etc. - e formam assim uma fina película sobre a escama. Libertam igualmente ácido carbónico (H_2CO_3) muito diluído, que corrói lentamente a rocha e acelera a sua transformação em solo maduro. Finalmente, após a sua extinção, os líquenes e os musgos enriquecem o solo formado com os elementos que estavam contidos nos seus tecidos. As raízes exuberantes das árvores fendem e destroem as rochas. As plantas com um sistema radicular mais profundo extraem nutrientes minerais dos estratos subjacentes e da rocha-mãe e depositam-nos nas camadas superficiais do solo após a sua morte. Ao longo dos séculos, os cascos de muitos ungulados esmagaram e esparramaram o leito rochoso sobre o qual se deslocam. A escavação de pluviosidade, de milípedes, de vespas escavadoras, dc larvas de escaravelhos, de serpentes, de corujas subterrâneas e de sousliks facilita o arejamento do solo e a passagem da água para os horizontes inferiores do solo. A fertilidade do solo aumenta muitos dos excrementos dos animais, nomeadamente dos vermes pluviais, dos artrópodes, das aves e dos mamíferos.

Utilização do solo. As nações, tal como os proprietários individuais, dependem do solo que têm à sua disposição. Se os recursos do solo da nação forem extensos e ricos, o Estado será próspero se as pessoas trabalharem arduamente. Quando estes recursos se esgotam devido a uma utilização e gestão incorrectas, a própria existência da nação pode ser posta em perigo.

Em todos os países, as terras nobres são confiscadas a um ritmo alarmante para fins não diretamente relacionados com a agricultura - para aeroportos, estradas, centros comerciais, parques de estacionamento, estações de serviço, zonas residenciais, etc. Todos os anos, os EUA perdem cerca de 2 mil milhões de toneladas de solo devido a actividades que expõem o solo da sua cobertura vegetal. No entanto, nunca na história da humanidade esta esteve tão dependente do próprio solo, devido ao aumento da população da Terra e ao desejo crescente de acumular excessos por parte dos humanos.

Erosão. A palavra *erosão* provém da palavra latina "erodere", que significa "morder, esmigalhar, desmoronar, franzir". Erosão é rocha e solo e pode ser definida como um processo em que rochas ou partículas de solo se separam do seu local original, são transportadas a alguma distância por rolamento, lavagem com água, vento, etc., e finalmente depositadas num novo local. As causas da erosão podem ser o vento, a água, as ondas do mar, os glaciares, os deslizamentos de terras ou escorregamentos e o homem com a sua atividade irracional.

A erosão natural (geológica) é um processo que ocorre a uma taxa extremamente baixa desde a formação da Terra, há 4-5 mil milhões de anos. anos até aos dias de hoje. Na realidade, os vales, as planícies, os desfiladeiros e os deltas da superfície terrestre são esculpidos pela erosão hídrica e eólica. Com o aparecimento do homem, surgiu no mundo uma espécie com capacidade de transformar o ambiente natural. Como resultado da sua atividade, iniciou-se um tipo de erosão artificial, que actua a uma velocidade muito superior à natural. É com esta erosão acelerada que os especialistas em conservação dos solos e das rochas e em combate à erosão (geoecologistas) se ocupam principalmente. As rochas e o solo são a base sobre a qual o homem desenvolve todas as suas actividades e a sua destruição está associada a enormes desastres, vítimas, perdas económicas e catástrofes ambientais.

A luta contra a erosão inclui uma série de métodos, tais como:

1) Lavoura de contorno. Os principais tipos de trabalho agrícola - lavoura, sementeira, cultivo (ou colheita) e colheita de terreno montanhoso - são efectuados paralelamente às horizontais do declive;

2) A sementeira de faixas com várias linhas. Em terrenos com um declive significativo, a colocação das diferentes culturas em faixas (strips) seguindo o contorno é uma medida eficaz contra a erosão. Para que este método seja mais eficaz, a largura da barra de contorno deve ser alterada de forma inversamente proporcional ao comprimento do declive. As culturas de grandes dimensões, como o milho, o algodão, o tabaco ou a batata, alternam com culturas que cobrem bem o solo - cereais ou leguminosas herbáceas. Assim, se num ano a faixa foi semeada com milho, que esgota o solo e facilita a erosão, no ano seguinte deve ser semeada com uma leguminosa que enriquece o solo e inibe a erosão;

3) Socalcos - aplicados há séculos. O talude inclinado é formado em socalcos ao longo do contorno da encosta, mantendo assim o fluxo de

água o mais possível, de modo a não ganhar uma certa velocidade a que arrasta e transporta o solo (90 cm/s);

4) Melhoria das rovinas de erosão. As rovinas são um sinal perigoso que mostra que as taxas de erosão são elevadas e que a terra pode rapidamente transformar-se num terreno deserto se não forem tomadas medidas urgentes. Se a rovina for relativamente pequena, pode ser lavrada e semeada com uma cultura "protetora" de crescimento rápido, como a cevada, a aveia ou o trigo. Desta forma, a erosão será dificultada até que se forme um chim saudável na antiga rovina. No caso de rovins mais profundos, podem ser feitos pequenos diques de retenção de estrume e palha, colocados de 6 em 6 m. Estes diques podem ser muito eficazes porque retêm lodo e areia fina e ajudam a reter gradualmente o barranco do rovinj. Os açudes também podem ser feitos de ramos e estacas (tricotados) e, para maior segurança, são reforçados com redes de arame. Ao longo do curso do rio, em função das suas características e dimensões, podem ser construídos diques de terra e pedra ou de betão. Uma vez construídas as barragens e o escoamento da água abrandar ou parar, o solo pode ser estabilizado através da plantação de arbustos, lianas ou árvores de crescimento rápido. Os salgueiros são bastante adequados para estes casos. Esta vegetação não só previne a erosão futura, como também elimina o aspeto feio dos diques abertos, ao mesmo tempo que fornece alimento, refúgio e locais de reprodução a várias espécies animais;

5) Criação de cinturas florestais de proteção dos campos. Árvores plantadas numa ou em várias filas à volta das zonas agrícolas. A melhor proteção durante todo o ano é assegurada por espécies de coníferas, como o *Juniperus Virginia, o* abeto e o pinheiro. Nas planícies do sul, são mais adequadas as espécies de árvores resistentes à seca, como o pinheiro branco *(Pinus silvestris),* o pinheiro negro *(Pinus nigra),* o ulmeiro de folhas pequenas *(Ulmus parvifolia)* e as variantes não espinhosas da acácia *(Robinia pseudoacacia).* A mobilização do solo pode ser ainda mais retardada se forem semeadas várias linhas de milho ou faixas de trigo entre as linhas de árvores.

Depleção de minerais e nutrientes do solo. O homem primitivo cultivava diferentes culturas, mas é pouco provável que os biomas das florestas tenham sido significativamente alterados. Quando uma floresta caducifólia ou de coníferas era criada naturalmente, as plantas nela presentes absorviam grandes quantidades de nutrientes minerais vitais do solo e transformavam-nos em milhares de milhões de toneladas de madeira, casca, flores, raízes e sementes. Finalmente, após a sua morte, os minerais contidos nos seus tecidos regressavam ao solo de onde tinham sido extraídos. A fertilidade do solo também foi melhorada pelos excrementos e carcaças em decomposição de milhões de insectos, aves, mamíferos e outros animais.

Mais tarde, o homem civilizado começou a substituir a vegetação florestal e estepária por milho, trigo, couve, feijão, batata, etc. Como resultado, o ciclo mineral normal sofre um atraso significativo. Por exemplo, uma colheita de milho de 3524 kg extrai da área correspondente 35,41 kg de azoto do solo, 16,35 kg de óxido de fósforo,

11.   8 kg de óxido de potássio, 11,35 kg de cálcio e 8,17 kg de magnésio. Enquanto na vegetação nativa todos estes elementos foram repetidamente apreendidos e reincorporados no solo através de ciclos biológicos, atualmente são extraídos de forma unidirecional: primeiro incluídos na produção de plantas e animais domésticos, depois no sistema digestivo humano e na biomassa e, finalmente, como excrementos humanos - lavados nos sistemas de esgotos, de onde caem nos rios, lagos e oceanos, ou seja, não regressam ao local onde foram apreendidos. Outras causas do esgotamento do solo são as causas naturais, como a erosão acelerada ou as tempestades de poeira, etc., ou a utilização de produtos químicos e pesticidas, bem como a poluição industrial, como as emissões de gases das centrais térmicas que provocam chuvas ácidas, que danificam permanentemente o solo. A miopia, a ignorância e a ganância das pessoas contribuem e também cobram um pesado tributo à fertilidade do solo.

Restauração da fertilidade do solo. A fertilidade dos solos pode ser restaurada, na sua maior parte, através da utilização de: 1) estrume - actua favoravelmente no solo, aumentando o teor de nutrientes minerais e matéria orgânica, estimula o crescimento e desenvolvimento das culturas e também das bactérias e fungos do solo, pelo que acaba por melhorar a estrutura do solo; 2) adubação verde - o processo de inversão do solo ocorre juntamente com a massa verde em crescimento; 3) sementeira com leguminosas - as terras aráveis perdem 6,75 a 8 kg de azoto por hectare devido à erosão ou com a recolha da colheita. Para cobrir este défice, é necessário importar cerca de 9-11 kg de azoto por hectare. Esta quantidade pode ser obtida a partir de leguminosas como a luzerna, o trevo dos prados, a communiga, a vigna chinesa, a soja, a ervilhaca, a crotalária; 4) outras fontes - resíduos animais, lodo orgânico, farinha de sementes de algodão moídas, resíduos alimentares, etc.; 5) adubos inorgânicos (artificiais) - azoto (sais de amónio, nitratos), adubos completos - mistura em diferentes proporções (azoto, fósforo e potássio). No entanto, os fertilizantes artificiais são uma faca de dois gumes, porque o seu uso excessivo leva à poluição ambiental e danos à natureza e à causa de muitas doenças; 6) rotação de culturas - por exemplo, primeiro ano - milho de linha larga, tabaco, algodão, segundo ano - trigo estreito, cevada, aveia, terceiro ano - cobrindo firmemente o solo de gramíneas e leguminosas.

Conservação do solo e da superfície terrestre em meio urbano. Infelizmente, muitos dos projectos estabelecidos e implementados para o desenvolvimento de uma determinada área causam uma erosão generalizada do solo. Isto deve-se quer a uma conceção inadequada, quer a descuido, negligência ou ignorância. A erosão das zonas urbanizadas é mais intensa do que a das zonas florestais. Eis algumas medidas de luta contra a erosão e de prevenção nos estaleiros de construção:

1) Retire do local apenas a parte do coberto vegetal natural absolutamente necessária para as necessidades da construção.

2) Se um estaleiro de construção for preparado e toda a sua vegetação protetora for removida, e a execução do projeto for atrasada por qualquer razão, deve ser providenciada uma cobertura temporária adequada através da sementeira de culturas de crescimento rápido, como centeio, aveia, painço.

3) Em encostas mais íngremes, construa terraços temporários de tábuas - desta forma o solo será reforçado e a sementeira será bem sucedida.

4) As áreas despojadas devem ser semeadas de novo ou restauradas logo que surja a oportunidade. Bem adaptadas para reforçar o solo em encostas íngremes, as plantas são a unha-de-gato, a festuca, o coelho e a léspide perene. Para diversificar a cor, podem também ser semeadas tranças vermelhas.

5) As encostas íngremes ao longo das estradas devem ser semeadas com um semeador de hidrossemente (uma máquina que lança polpa de sementes, estrume, palha moída e água na encosta). A palha moída serve para manter as sementes no lugar até germinarem e evita a perda excessiva de água, devido à evaporação.

6) O chorume semi-líquido dos hidrossemeadores deve ser retido após a colocação e nas encostas íngremes com a ajuda de esteiras. Com o tempo, o tapete decompõe-se e melhora a estrutura do solo.

7) Construir instalações temporárias de captação de água, feitas de terra, pedras ou mesmo betão, para captar as águas torrenciais e as escorrências superficiais e para reter os materiais do solo por elas transportados. Quando a construção estiver concluída e o local estiver novamente verdejante, estas instalações podem ser removidas e a área de construção pode ser ajardinada.

8) Um número crescente de povoações está a eliminar os resíduos sólidos enterrando-os em aterros sanitários. No entanto, se as autoridades municipais escolheram o local arbitrariamente, sem consultar especialistas em geologia, hidrogeologia, geoecologia e solos para determinar a adequação da área para estes fins, podem surgir graves problemas ambientais com as águas subterrâneas e, consequentemente, com as águas superficiais e potáveis (Owen, 1989).

VIII. Proteção da crosta terrestre e das entranhas da terra

A crosta e as entranhas da Terra são a base mineral da biosfera. As necessidades do homem em matérias-primas minerais estão a aumentar constantemente. A atividade mineira não pára de crescer, aprofunda-se cada vez mais nas entranhas da Terra, destrói enormes quantidades de material rochoso à superfície, perturba o relevo terrestre, altera o regime hidrológico, polui a atmosfera, as águas superficiais e subterrâneas.

A única forma direta e fiável de estudar os núcleos da Terra é a perfuração, que já ultrapassou os 14 km. Outra forma é estudar a composição química de produtos vulcânicos, intrusões ígneas, bem como estudar corpos cósmicos e principalmente a Lua e planetas do tipo terrestre, como Vénus e Marte, e meteoritos que caem na Terra.

A civilização moderna baseia-se na utilização de todo o tipo de recursos minerais extraídos da crosta terrestre, como o petróleo, o gás, o carvão, os minérios, os materiais de construção, a água, os sais, as pedras preciosas, os elementos radioactivos e raros e dispersos, e muitos outros. No entanto, as suas reservas não são ilimitadas e inesgotáveis. Daí a necessidade da sua utilização racional com a extração mais completa possível sem perdas e a transformação de todos os ingredientes em produtos úteis.

As actividades humanas mais poluentes são os transportes, a construção, a energia, as indústrias químicas e extractivas. Milhões de automóveis libertam enormes quantidades de gases venenosos resultantes da combustão de combustíveis. Para efeitos de construção, é extraída uma enorme quantidade de material rochoso e de matérias-primas minerais e a crosta terrestre é destruída. Para além disso, são destruídas grandes áreas de terra à medida que são construídas. Para satisfazer as necessidades da indústria energética, são extraídas anualmente das entranhas da terra quantidades alucinantes de carvão, petróleo, gás natural e minerais radioactivos. Os resíduos desta indústria constituem uma ameaça para qualquer organismo vivo - cinzas com elevado teor de elementos perigosos (Kortenski, Sotirov, 2002), resíduos radioactivos, produtos petrolíferos tóxicos (venenosos) e cancerígenos (formadores de cancro).

A quantidade de resíduos industriais na produção metalúrgica é demasiado elevada. Assim, para obter uma tonelada de metal não ferroso, é necessário processar 100-200 toneladas de minério e, para alguns metais, até milhares de toneladas. Os resíduos da metalurgia têm uma grande toxicidade e contêm frequentemente enxofre, arsénio, antimónio, selénio, telúrio e muitos outros elementos. A indústria mineira e de refinação destrói as entranhas e as superfícies e acumula nelas enormes quantidades de resíduos sólidos de rocha.

Métodos de proteção das entranhas da terra. As entranhas da terra não podem ser totalmente preservadas, mas os efeitos nocivos do homem podem ser reduzidos tanto quanto possível. Isto é feito através de uma utilização complexa das matérias-primas, ou seja, a remoção de um número máximo de componentes do minério. A reutilização de matérias-primas e a utilização de produtos residuais, como a rocha que é eliminada após a extração do minério, podem ser utilizadas como material de construção. Outra forma é a aplicação de geotecnologias. Ou seja, as jazidas são diretamente afectadas por diversos solventes ou vectores energéticos, extraindo apenas os elementos necessários, sem trazer os minérios à superfície, mas apenas as soluções ou misturas resultantes. Isto é feito através da utilização de agentes de trabalho, tais como os transportadores de calor - vapor de água, ar quente, solventes - água, microorganismos - bactérias, etc. Nos métodos hidráulicos, através de um jato de água sob alta pressão num furo ou à superfície, diluem-se argilas, areias auríferas, fosforitos, sais minerais, etc. Por métodos termofísicos, obtém-se enxofre, petróleo pesado, betume, ozocerite, extração de gás subterrâneo do carvão, etc. Os métodos hidroquímicos são utilizados para dissolver os sais. Os métodos bioquímicos são utilizados para a extração de metais não ferrosos e preciosos como o níquel, o cobre, o ouro e outros. Isto acontece através da insuflação nos furos de soluções ricas em bactérias que utilizam estes metais para a sua atividade vital, extraindo o metal da rocha em vez do homem, e o homem apreende o metal das bactérias à superfície (Angelov et al., 1990).

Terramotos. Tremores, abalos da terra. Mais precisamente, trata-se de flutuações da superfície da Terra quando as ondas passam de uma fonte de energia subterrânea. Em grego, um terramoto chama-se "seismos", pelo que a ciência que estuda os terramotos se chama sismologia. Os sismos são fenómenos naturais, mas o homem também os pode provocar através de actividades mineiras, explosões de bombas, perfurações para extração de água e petróleo.

O poder destrutivo dos terramotos é medido em diferentes escalas (Nikonov, 1987).

Escala de Medvedev, Sponhoeer, Karnik. Os sinais característicos de cada um dos seus graus são:

I grau. Não se sente o terramoto. É registado apenas por sismógrafos.

II grau. Um terramoto fraco. Só é sentido por pessoas que se encontram em repouso em andares altos.

III grau. O terramoto foi sentido por mais pessoas. Verifica-se uma ligeira oscilação dos objectos suspensos, que é mais forte nos andares altos.

IV grau. O terramoto é sentido por muitas pessoas, tanto nos edifícios como no exterior. As pessoas que estão a dormir acordam. Os móveis, o chão e as paredes dos edifícios rangem, as janelas tremem. Os objectos altos balançam.

V grau. Um terramoto assim pode causar medo. As pessoas que estão a dormir acordam. Os objectos deslocam-se ou caem. A água nos recipientes é agitada e vertida, produzem-se fissuras no reboco.

VI grau. O sismo é sentido fortemente por todas as pessoas, independentemente do local onde se encontrem. Provoca um pânico parcial. O equilíbrio pode perder-se. Aparecem fendas nas paredes. As chaminés são danificadas. Aparecem fissuras no solo, o nível da água nos poços altera-se.

VII grau. O terramoto provocou o pânico. Todas as pessoas abandonam as habitações O sismo também é sentido pelas pessoas que se encontram nos veículos. Muitos objectos caem. Os grandes sinos estão a tocar. Danos nos edifícios de tijolo e fendas nos edifícios de pedra. As condutas são interrompidas. O caudal de água nas barragens altera-se. Algumas fontes podem desaparecer e outras podem aparecer. Aparecem fissuras significativas no solo. Observam-se também fenómenos de deslizamento de terras. As chaminés são derrubadas.

VIII grau. Caracteriza-se por um pânico intenso. O mobiliário está a ser destruído. Os edifícios fracos podem desmoronar-se. Surgem grandes fissuras no solo. O nível da água nos poços altera-se significativamente.

IX grau. O pânico é geral. Os edifícios são danificados. As fissuras no solo atingem mais de 10 cm. Ocorrem desmoronamentos de rochas.

X grau. Muitos edifícios foram destruídos - tijolos e painéis. As barragens estão danificadas. Os carris estão gravemente deformados e as instalações subterrâneas estão danificadas, surgindo fissuras na superfície do solo até 1 m.

XI grau. Todos os edifícios estão a ser destruídos. Aparecem grandes fissuras no solo. As comunicações subterrâneas estão gravemente destruídas. São possíveis muitas vítimas, desmoronamentos de terrenos e grandes desmoronamentos de rochas.

XII grau. Grandes deslocamentos verticais e horizontais das camadas terrestres. Alterações do relevo. Não sobrevive uma única instalação (Petkov, 1989).

A luta contra os sismos passa pela aplicação de construções anti-sísmicas. Construa edifícios de baixa altura, leves e seguros. Evite construir em margens íngremes ou em zonas com solos saturados de água. Faça levantamentos geológicos dos terrenos antes de construir para evitar cavidades subterrâneas ou rochas moles. Realizar investigação e previsões sísmicas. Educar e formar as pessoas sobre os sismos.

Ação durante os terramotos. Não entre em pânico. O pânico vem da ignorância, do medo e da desorganização. Isto ultrapassa-se com formação e treino de acções. É necessário ter mobiliário durável, os móveis pesados e as superestruturas não devem estar ou devem estar bem fixados, os objectos pesados não devem ser mantidos no alto, as camas devem estar localizadas perto das paredes principais e dos apoios, e não junto às paredes exteriores. Todos devem poder cortar as ligações de gás ou de eletricidade, se necessário. É necessário manter em locais seguros lanternas (não fósforos!), estojo de primeiros socorros, roupas quentes. Deve ter preparado equipamento de combate a incêndios. Deve prestar especial atenção aos seguros.

Um sismo forte é frequentemente precedido por alterações bruscas do nível da água em lagos e poços, do caudal das fontes de água e das sondas, de uma alteração da temperatura da água ou do seu escurecimento. Por vezes, surgem também cheiros invulgares. Estas alterações podem ocorrer vários dias ou horas antes do terramoto.

Nos últimos dias ou algumas horas antes do acontecimento, pode haver um silêncio extraordinário e tenso, pode haver nevoeiro no ar ou, pelo contrário, uma tempestade violenta. É frequente a ansiedade inexplicável dos animais domésticos. Por vezes, há impulsos fracos. Por vezes, ocorrem interferências na rádio, no telégrafo, em aparelhos electromagnéticos (por exemplo, apenas o desvio da seta da bússola), a iluminação auto-aleatória de lâmpadas fluorescentes.

Imediatamente antes do terramoto, ouve-se um ruído subterrâneo crescente (semelhante ao ruído dos transportes que passam) e, por vezes, luzes acima das elevações. Estes sinais devem ser o sinal de que é possível abandonar imediatamente o local. No entanto, se o terramoto o encontrou em casa, permaneça no local, de preferência sob a proteção das paredes, colunas, caixilhos e portas interiores de suporte de carga ou de mobiliário resistente. É mais perigoso ficar à volta das janelas ou nos cantos exteriores do edifício. Se estiver no exterior, não se aproxime dos edifícios, e vice-versa, afaste-se para o meio da rua, para a secção da praça, para qualquer espaço aberto máximo, mas longe de linhas eléctricas, gasodutos e condutas de água.

Lembre-se de que só deve manter a calma durante segundos ou dezenas de segundos, pois o ímpeto de um sismo raramente dura mais de um minuto, embora nos possa parecer prolongado. Se a posição em que se encontra for perigosa ou instável, mude-a apenas após o fim do tremor principal, mas lembre-se que os tremores subsequentes ao principal, a intervalos regulares, não são por vezes menos perigosos, especialmente em edifícios danificados.

Após os fortes abalos, se não o tiver feito antes, desligue a eletricidade, o gás e a água. Ajude os feridos, não utilize o fogo, tenha cuidado com a queda de objectos. Por fim, é de salientar que deve estar sempre calçado, uma vez que toda a paisagem após fortes sismos fica salpicada de objectos perigosos - fios, vidros, objectos metálicos, etc. (Nikonov, 1987).

IX. Proteção dos recursos hídricos

As massas de água da Terra - oceanos, mares, lagos, rios, riachos - formam a concha de água da Terra chamada *hidrosfera*.

O ciclo da água. Devido à natureza cíclica do movimento da água, a mesma molécula pode ser utilizada repetidamente durante milénios.

Embora algumas partes do ciclo possam ter alguma variação nas velocidades de movimento, o volume total de água envolvido no ciclo tem-se mantido inalterado durante milhões de anos. É impulsionado pela energia solar e pela gravidade, e a energia que lhe é aplicada num só dia excede toda a energia utilizada pelo homem desde o início da civilização até aos dias de hoje. De facto, a água não se move continuamente. Pode ser temporariamente "armazenada" (durante vários séculos) na crosta terrestre, na superfície da Terra ou na atmosfera. Em cada um destes casos, apenas cerca de 0,005% da quantidade total de água no planeta está em movimento ao longo do ciclo.

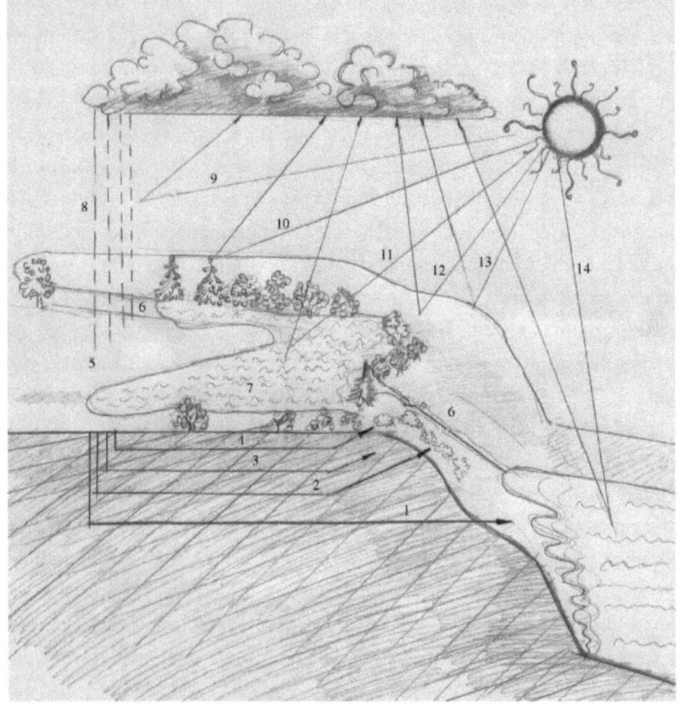

Ciclo da água: 1-água subterrânea que drena para o oceano; 2-água subterrânea que drena para os cursos de água; 3-água subterrânea, que permanece no solo; 4-água subterrânea absorvida pelas plantas; 5-infiltração; 6-escoamento superficial; 7-armazenamento temporário; 8-precipitação; 9- evaporação das gotas de chuva ao caírem no solo; 10-evaporação da vegetação; 11- evaporação de lagos com águas paradas e correntes; 12-transpiração; 13- volatilização do solo; 14-evaporação do oceano.

Os oceanos. Vamos traçar os principais percursos do ciclo hidrológico, começando pelos oceanos que cobrem 70% da superfície terrestre com uma camada de água salgada de cerca de 11 km de espessura. Os oceanos representam 97,2% das reservas totais de água do planeta, ou seja, cerca de 1.322 milhões. km3. Se imaginarmos a Terra como uma esfera perfeitamente lisa, a água em todo o globo será suficiente para a cobrir com uma camada de água de 240 metros de espessura.

O aquecimento da camada superficial do oceano pela queda da energia solar leva ao desprendimento gradual das moléculas de água e à sua subida para o ar sob a forma de vapor de água. Este processo é designado por evaporação. A profundidade dos oceanos diminuiria anualmente em 97,5 cm se a quantidade de água evaporada não fosse continuamente recuperada.

Precipitação. À medida que sobe na atmosfera, o vapor de água arrefece, condensa-se e transforma-se em nuvens. Após algum tempo, quando arrefecem o suficiente (por exemplo, ao subir uma encosta de montanha ou ao encontrar uma massa de ar frio), podem libertar a água nelas contida sob a forma de chuva, neve, granizo ou cataplasma. Quando as gotas de chuva passam por uma nuvem de ar poluído com enxofre ou óxidos de azoto ejectados das empresas, a chuva converte-se em ácido sulfúrico ou nítrico diluído, ou seja, transforma-se em chuva ácida, que danifica o solo e tudo o que se encontra à superfície da terra.

Água nos tecidos do corpo dos organismos. As plantas absorvem a água contida no solo através dos sistemas radiculares. Os animais recebem a água de que necessitam absorvendo-a através da superfície do seu corpo, quando a bebem ou quando engolem tecidos vegetais ou animais. Um total de 0,003% das reservas mundiais de água doce está incluído no protoplasma vivo.

Uma pessoa pode sobreviver sem comida durante quase dois meses, mas sem água morrerá em menos de uma semana. O corpo de uma pessoa de tamanho médio contém quase 50 litros de água. Em geral, 65% do seu conteúdo é água (em massa), mas o seu conteúdo nos diferentes tecidos e órgãos é diferente. Por exemplo, a água no esmalte dos dentes é apenas 2%, nos ossos 22% e no cérebro e nos músculos 75%. O teor de água mais elevado é o dos rins, 83%. No corpo humano, a água desempenha muitas funções. É o solvente que facilita o desenrolar das reacções químicas. É o meio de transporte para transportar nutrientes, hormonas, enzimas, iões, produtos do metabolismo das proteínas e gases respiratórios. A água desempenha uma função termorreguladora. Um adulto perde em média 2,5-1,5 litros por dia sob a forma de urina, 1/2 litros na respiração e 1/2 litros na transpiração. Um litro e meio da perda é reposto pela ingestão de água e o restante 1 litro é reposto pela água contida nos alimentos ingeridos. Se uma pessoa perder mais de 12% do conteúdo de água do seu corpo, morre. A maioria dos organismos, independentemente do seu tamanho, hábitos ou habitação - desde a ameba à baleia azul - contém uma elevada percentagem de água.

Evaporação e transpiração. A evaporação pode ocorrer diretamente a partir de superfícies húmidas, como folhas, solo húmido, esera, mares, rios, oceanos, ou a partir dos corpos dos animais e das suas libertações. A transpiração é a evaporação da água através dos estomas das folhas. Um carvalho adulto pode transpirar até 380 litros de água por dia.

Águas de superfície. As chuvas reabastecem as reservas de água dos lagos, rios e barragens. A partir daí, a água chega aos mares e oceanos ou, penetrando no solo, passa para a água subterrânea, que se acumula nas cavidades da crosta terrestre. As águas de superfície, sob a forma de correntes fluviais, lagos e pequenas albufeiras, satisfazem cerca de 80% das necessidades de água doce do homem. Os nutrientes minerais solúveis em água (cálcio, potássio e nitrato) podem ser transportados de áreas localizadas a montante para as partes inferiores dos rios ou riachos, onde são depositados. A produtividade extremamente elevada dos pântanos e estuários localizados ao longo dos cursos inferiores deve-se principalmente a este facto.

Águas subterrâneas. Parte da água é absorvida pelo solo ou pelas rochas, em vez de ser incorporada nos cursos dos rios e nos lagos de águas paradas. Nos horizontes do solo, a água é extraída dos sistemas radiculares das plantas, transportada pelos seus caules e troncos, e a maior parte é devolvida à atmosfera por transpiração. Uma pequena fração é utilizada por milhares de milhões de cloroplastos como matéria-prima na fotossíntese. No entanto, grandes quantidades de água continuam a descer para o solo e são recolhidas nos vastos estratos porosos dos arenitos, calcários e cascalhos. As formações de retenção de água, conhecidas na ciência como aquíferos ou aquíferos, armazenam 97% das reservas mundiais de água doce, o equivalente a cerca de 8 milhões de km3. As pessoas utilizam esta água de forma mais intensiva.

Seca. Período prolongado de seca atmosférica extrema e falta de precipitação, que provoca grandes prejuízos nas culturas, extinção de animais domésticos e outras "desgraças" económicas. As secas mais graves caracterizam-se pela diminuição do caudal de água nos rios e ribeiros e pela descida do nível dos lençóis freáticos; elevada mortalidade de organismos aquáticos e relacionados com a água, como peixes e aves aquáticas; destruição de grandes áreas e pastagens, prados e culturas; secagem da camada superior do solo e aumento da sua instabilidade à erosão; desnutrição e doença fácil dos animais de criação; incêndios florestais frequentes; dificuldades ambientais extremas; aumento acentuado dos preços dos alimentos. Numa palavra, a seca provoca uma catástrofe ecológica, mesmo que não seja provocada pelo homem.

Inundações. Não só a seca traz problemas ao homem, como este tem sido frequentemente colocado numa situação extremamente difícil pela súbita abundância de água resultante de chuvas e inundações. As inundações são catástrofes naturais que, por si só, representam também catástrofes ambientais. Para as combater, são utilizados os seguintes métodos:

1) Conservação das bacias hidrográficas. A bacia hidrográfica pode ser definida como "território cujas águas drenam para um único curso de água". As suas dimensões podem variar entre 4.000 e 4 milhões. Acres. Cada tipo de cobertura vegetal na bacia hidrográfica reduz a taxa de escoamento da água e, por conseguinte, ajuda a combater as inundações e a erosão.

2) Medições das massas de neve para a previsão das condições de possíveis inundações.

3) Diques de proteção. São feitos de terra e pedras ou construídos. Estão situados em diferentes partes da margem do rio, de modo a proteger zonas residenciais, industriais ou agrícolas valiosas das inundações durante as águas altas.

4) Dragagem. Devido às grandes quantidades de sedimentos que são efetivamente arrastados para fora da bacia hidrográfica, o solo, os leitos dos rios e outros cursos de água ficam assoreados, o que aumenta a probabilidade de inundações. É também possível que parte da costa se desmorone e seja arrastada pela água.

5) Barragens. Obstrução da subida das águas dos rios com enormes barreiras de terra acumulada ou construída com pedra. Assim, com a ajuda de barragens, foram construídas barragens que, no entanto, são instalações muito caras, de tal forma que a sua construção seria impossível se não fosse o facto de, para além de controlarem as cheias, terem outras finalidades - produzir eletricidade, melhorar a navegação nos grandes rios e criar oportunidades de recreio (lazer) nas suas proximidades. Para serem

eficazes no combate a eventuais cheias, é necessário descarregar frequentemente as águas destas barragens, que manterão uma capacidade suficientemente grande para absorver as águas torrenciais elevadas. No entanto, esta libertação periódica de parte da água de uma barragem afecta negativamente a produção de eletricidade e as suas funções recreativas. É também extremamente prejudicial para os peixes que desovam na vegetação costeira, nos baixios do final da barragem. A descida das águas deixa milhões de grãos de caviar acima da superfície da água, onde secam e morrem. Para além do seu elevado valor, as barragens têm outros inconvenientes. A rutura das barragens pode levar à inundação de milhares de hectares de terras férteis ou de povoações e causar muitos prejuízos.

6) Correção dos leitos dos rios. Os benefícios desta atividade são mínimos e as perturbações ambientais podem ser enormes: destruição da vida animal e vegetal; erosão das margens do rio; aumento da temperatura da água; redução de nutrientes no ecossistema; redução de peixes; redução do nível da água, tal como a drenagem pode ser alcançada e muitos outros, pelo que a correção (endireitar os leitos dos rios para drenar a água e assim evitar inundações ou para aumentar a área cultivada numa zona é perigoso em termos ecológicos) (Owen, 1989).

Métodos de tratamento da água:

1) Métodos mecânicos. São aplicados na separação de impurezas sólidas não dissolvidas. Os grandes poluentes são libertados em grelhas ou redes, e os mais pequenos - por precipitação e filtração. Para acelerar os processos de tratamento mecânico, são adicionadas substâncias específicas à água contaminada - coagulantes e floculantes. Em alguns casos, a precipitação e a filtração combinam-se com forças centrífugas em hidrociclones e centrifugadoras. A eficiência dos métodos mecânicos é de 50-70%.

2) Métodos químicos. São aplicados para a separação de solutos em águas residuais. São adicionados vários reagentes às águas contaminadas que entram em reacções químicas com as impurezas. Ou se obtêm poucas substâncias tóxicas, ou as impurezas são oxidadas. Em alguns casos, são libertados compostos pouco solúveis. Os métodos mais utilizados são a oxidação e a neutralização. A oxidação é efectuada com oxigénio, ozono, cloro ativo, etc. A eficácia do método é de 80-90%.

3) Métodos físico-químicos. São aplicados na purificação de suspensões, emulsões e na presença de substâncias inorgânicas e

orgânicas dissolvidas. Estas incluem coagulação, floculação, flotação, adsorção, extração, permuta iónica, ultrafiltração, destilação, cristalização, eletrólise, evaporação, etc. A eficiência de métodos físico-químicos é de 90-95%.

4) Métodos biológicos. Estes métodos purificam as águas contaminadas com impurezas orgânicas. Recentemente, têm sido utilizados biodiscos rotativos, que são imersos na água contaminada. Estão a girar lentamente. As superfícies das partes constituintes do disco estão em contacto com o ar e o líquido num determinado intervalo de tempo. A purificação é efectuada pela biomassa ativa de microrganismos que se desenvolvem na superfície do disco. As substâncias orgânicas presentes nas águas poluídas, sob a ação dos microorganismos e do oxigénio, decompõem-se. Como resultado da purificação, a biomassa é libertada e acumulada, que é periodicamente removida dos discos e da superfície. O concentrado forte obtido após a depuração biológica é eliminado por métodos anaeróbios. Os biodiscos são utilizados para o tratamento de águas residuais de pequenas aldeias, parques de campismo, hospitais, casas de férias, pequenas explorações agrícolas e pequenas empresas industriais. Neste último caso, as substâncias extraídas do processo de purificação de substâncias são reprocessadas, ou seja, devolvidas ao ciclo do processo de produção. Nos processos destrutivos, as substâncias poluentes tornam-se inofensivas (Mihaylov, Petrova, 1993). *Esquema de amostragem para o tratamento de águas residuais.*

1) Tratamento primário. Coagem dos objectos de grandes dimensões, trituração dos objectos sólidos, decantação da areia e do lodo e suspensão da matéria orgânica após repouso dos efluentes, decomposição bacteriana em condições anaeróbias em tanques de fermentação. Um dos produtos da decomposição resultante é o metano, que é utilizado para o funcionamento da estação de tratamento, satisfazendo assim até 90% das suas necessidades energéticas. Por conseguinte, este método é muito prometedor. A eliminação do lodo obtido após o tratamento é o principal problema das estações de tratamento de águas residuais, que por vezes utilizam até 50% do seu orçamento para resolver a questão da descarga do lodo.

1. Tratamento secundário. É aplicado um método biológico. O principal objetivo é remover grande parte da matéria orgânica em suspensão que resta após o processamento primário. O esquema apresenta a forma

como o líquido após o primeiro tanque de decantação é transferido por bombas para o tanque de arejamento, no qual o ar é purgado de baixo para cima para garantir a saturação máxima da água com oxigénio. Isto facilita às bactérias aeróbias (que utilizam oxigénio) a degradação mais eficiente dos compostos orgânicos.

1. Tratamento terciário. Nesta forma mais dispendiosa, as águas residuais são rapidamente misturadas com calcário, pelo que o fósforo é separado por precipitação. O azoto, que no efluente se encontra principalmente sob a forma de amoníaco, é libertado para a torre especial onde grandes quantidades de ar são sopradas para o efluente sob pressão de baixo para cima (Owen, 1989).

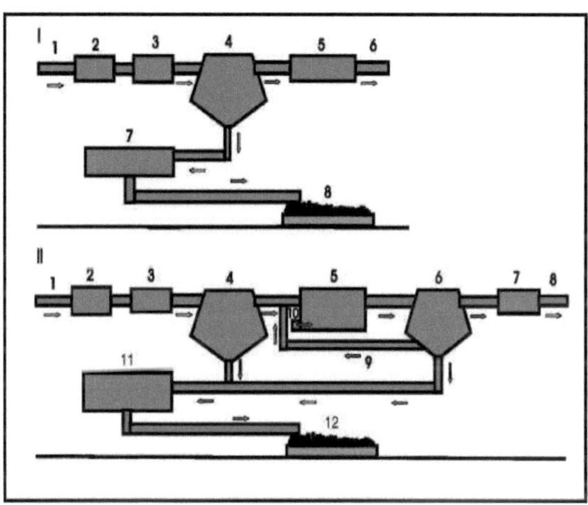

Tratamento primário e secundário das águas residuais:

I - Tratamento primário das águas residuais: 1 - águas residuais comunitárias não tratadas; 2 - grelha de retenção de resíduos grosseiros; 3 - câmara de filtragem fina; 4 - tanque de decantação; 5 - tanque de cloração da água clarificada (destruição das bactérias); 6 - recetor da ribeira; 7 - tanque de sedimentação; 8 - local de secagem dos sedimentos.

II - Tratamento secundário das águas residuais: 1 - águas residuais domésticas comunitárias não tratadas; 2 - grelha de retenção dos resíduos grosseiros; 3 - câmara de filtragem fina; 4 - tanque de decantação; 5 - tanque de arejamento; 6 - tanque de decantação; 7 - tanque de cloração da água purificada; 8 - recetor da ribeira; 9 - sedimento ativado; 10 - ar sob pressão; 11 - tanque metálico; 12 - local de secagem do sedimento.

XI. Proteção do ar

Os continentes e os fundos oceânicos (litosfera) e o envelope de água da Terra (hidrosfera) formam a camada superior do nosso planeta, por assim dizer, a sua pele, que é tão fina que não ultrapassa 0,2% do raio da Terra. Esta camada está rodeada por um invólucro de gás chamado *atmosfera*. A sua presença não é acidental - de facto, representa um outro aspeto do mesmo processo, que deu à Terra a sua hidrosfera. Se a hidrosfera foi criada pela desidratação da Terra causada pela libertação contínua de calor radiogénico para o seu interior, então a atmosfera foi criada pela desgaseificação, ou seja, a libertação do interior de elementos voláteis cujos pesos moleculares são suficientemente grandes para os impedir de escapar do campo gravitacional da Terra. A composição química da atmosfera é constituída por azoto (75,5% em peso) e oxigénio (23,1%), seguidos de árgon (1,3%), néon (13 partes por milhão), hélio (0,7 partes por milhão) e uma quantidade ainda menor de gases mais pesados, como o crípton e o xénon. Estes gases são complementados por quantidades variáveis de vapor de água (0,01-0,1%) e dióxido de carbono (0,003%). O hidrogénio, que é um constituinte da água na hidrosfera, é um gás extremamente leve para poder permanecer na atmosfera durante muito tempo, pelo que ocorre nas camadas exteriores da atmosfera em quantidades negligenciáveis (Copal, 1990).

Para além de ser uma fonte vital de oxigénio para a respiração, a atmosfera terrestre é de grande importância para o homem em vários outros aspectos. Sem o isolamento e a distribuição do calor por ela efectuados, as variações de temperatura durante o dia e a noite seriam de tal ordem que a boia seria incompatível com a vida. Sem a atmosfera, as oscilações sonoras não se propagariam. Não haveria climas, nem chuvas, nem neve. Sem o seu próprio escudo atmosférico, o nosso planeta não só seria mais amplamente bombardeado por meteoritos, como ficaria sujeito às radiações mortais do Sol. Sem a atmosfera, a superfície da Terra teria uma visão desértica da paisagem lunar.

Poluição natural da atmosfera. Este é o fumo das florestas de relâmpagos. Nuvens de poeira levantadas pelo vento. Os vulcões lançam na atmosfera inúmeras toneladas de poeiras e de cinzas vulcânicas. Por vezes, as cinzas circundam a Terra há dois anos e provocam uma diminuição da radiação solar e uma alteração do clima de todo o globo. Existem outros contaminantes naturais, como o pólen, os esporos de cogumelos, as bactérias e as cinzas.

Poluição de origem humana. Os principais poluentes atmosféricos são os transportes - por cada 4000 litros de combustível consumido na atmosfera, são libertadas 1,5 toneladas de monóxido de carbono, 136 kg de hidrocarbonetos e 45,4 kg de óxidos de azoto, a indústria e, em primeiro plano, as centrais térmicas. Nos Estados Unidos, por exemplo, as centrais térmicas a carvão emitem 15,7 milhões de toneladas de poluentes por ano. A queima de uma tonelada de carvão produz 91 kg de matéria finamente pulverizada (cinzas) e 22 kg de óxidos de enxofre e de azoto. Separadamente, obtêm-se resíduos. cinzas que podem atingir 300 kg por tonelada (o teor de cinzas do carvão utilizado varia entre alguns por cento e várias dezenas de por cento). Outro grande poluidor é a indústria de refinação de petróleo. Assim, são libertadas para a atmosfera substâncias finamente pulverizadas, óxidos de enxofre, hidrocarbonetos, amoníaco, óxidos de azoto, ácidos orgânicos e aldeídos. Os grandes fornos de fundição de minério e as instalações metalúrgicas libertam para a atmosfera dióxido de enxofre, monóxido de carbono, óxidos metálicos, bem como chumbo e arsénico finamente pulverizados. A indústria da borracha polui a atmosfera com vapores de vários solventes e a indústria química com dióxido de enxofre, fluoretos, amoníaco, sulfureto de hidrogénio, solventes, hidrocarbonetos e monóxido de carbono. As indústrias do vidro e do amianto produzem enormes nuvens de substâncias grosseiras e finamente pulverizadas. A ignição e a queima indiscriminada de resíduos também são poluentes. A extração e a utilização do carvão conduzem a enormes acumulações de carvão de qualidade inferior nos tabuleiros das empresas mineiras ou a cinzas com um elevado teor de elementos perigosos.

1) O monóxido de carbono. Em massa, este gás representa 52% dos principais poluentes atmosféricos. Liga-se cerca de 210 vezes mais fácil e rapidamente à hemoglobina do sangue do que o oxigénio e procura deslocar o oxigénio em qualquer parte do corpo humano onde a hemoglobina esteja presente. A concentração de CO é elevada nas zonas centrais das cidades, onde o tráfego automóvel é mais intenso. Os sinais deste envenenamento são dores de cabeça, tonturas e fadiga.

2) Óxidos de enxofre. Formam-se sempre que se queimam combustíveis que contêm enxofre, como o carvão, os betumes, o petróleo ou o gás natural. O gás incolor de dióxido de enxofre apimenta os olhos e queima a membrana mucosa do trato respiratório superior. Nas concentrações de SO2 normalmente detectadas no smog, cerca de 1% da população sofre

de fraqueza muscular crónica, dificuldade em respirar, dor de garganta, angina, tosse e pieira. O dióxido de enxofre diminui a atividade do epitélio ciliado, cuja função é limpar as vias respiratórias, chegando mesmo a inactivá-lo completamente, contribuindo assim significativamente para o sofrimento crónico - bronquite e efizema pulmonar. O dióxido de enxofre reage com o oxigénio do ar para formar trióxido de enxofre (SO_3), ou anidrido sulfuroso, um anidrido de ácido sulfúrico que se combina com a humidade presente no ar para formar ácido sulfúrico (H_2SO_4), altamente corrosivo para os tecidos pulmonares.

3) Hidrocarbonetos. Atualmente, a principal fonte desta categoria de poluentes é a queima de gasolina nos automóveis. Todos os dias, os gases de escape resultantes do funcionamento dos motores de combustão interna adicionam 27 mil toneladas de hidrocarbonetos à atmosfera. Os hidrocarbonetos formam uma grande família de substâncias químicas, a maioria das quais não é imediatamente prejudicial para os seres humanos nas baixas concentrações em que ocorrem. Infelizmente, no entanto, alguns deles podem reagir com o dióxido de azoto (NO_2) na formação de smog fotoquímico. Muitos hidrocarbonetos irritam os olhos e o trato respiratório. O benzapireno e pelo menos oito outros hidrocarbonetos são considerados carcinogénicos - possíveis causas de cancro. Alguns deles encontram-se no fumo dos cigarros.

4) Substâncias finamente pulverizadas. Fuligem ou cinzas volantes de chaminés industriais. Podem ser definidas como "partículas finas de sólidos e líquidos dispersas na atmosfera por oposição às moléculas de gás". Mais de 50% delas, numa amostra média de ar, não podem ser identificadas pelos métodos de análise atualmente aplicados. Este facto é particularmente desagradável, uma vez que muitas destas partículas dispersas no ar são perigosas para a saúde humana. O chumbo, utilizado como aditivo antidetonante na gasolina, aumenta o seu índice de octanas. Entra no corpo humano quando se inala o ar poluído pelos gases de escape dos automóveis. É um veneno cumulativo e pode também ser ingerido através dos alimentos ou da água potável. O chumbo tem um efeito nocivo nos rins, no sangue e no fígado. Em crianças pequenas, pode afetar o cérebro e levar à morte. As substâncias finamente pulverizadas menos comuns são o arsénio, o berílio, o cádmio e os fluoretos. O arsénio, que é descarregado no estado disperso pelos moinhos de mel, é considerado um potencial carcinogénico (crustáceo). As partículas finas de filamentos de

amianto produzidas pelo desgaste das placas de cobertura, dos isolamentos de fibrocimento ou do ferrodo dos travões dos automóveis foram associadas a um aumento do cancro do pulmão. O berílio, utilizado como combustível de foguetões, provocou a formação de tumores cancerígenos em macacos tratados experimentalmente. O cádmio tem um efeito negativo na atividade cardíaca e provoca o aumento da pressão arterial.

5) Óxidos de azoto. Seis por cento de todos os poluentes atmosféricos produzidos pelo homem são representados pelos óxidos de azoto. O óxido de azoto (NO), em concentrações normais, é um composto relativamente inofensivo. Forma-se quando o azoto do ar se combina com o oxigénio nas temperaturas de combustão dos combustíveis nos motores de combustão interna. Em concentrações anormalmente elevadas, o óxido nítrico pode causar a morte por asfixia, uma vez que se liga 300 000 vezes mais facilmente à hemoglobina do sangue do que o oxigénio. O óxido nítrico combina-se facilmente com o oxigénio do ar em condições normais e forma dióxido de azoto (NO_2), que pode causar vários sofrimentos a uma pessoa - inflamação das gengivas e hemorragias internas, enfisema e maior suscetibilidade à pneumonia e ao cancro do pulmão.

6) O smog fotoquímico e o ozono. O lagostim amarelo-acinzentado, conhecido como smog fotoquímico, é formado pela reação de hidrocarbonetos, catalisadores e oxigénio atmosférico presente no ar. As quantidades preliminares das substâncias que reagem podem estar em concentrações inferiores a 1 ppm (g/t). O catalisador mais comum é o dióxido de azoto. A energia necessária para iniciar as reacções provém da luz solar, pelo que, em dias nublados, a formação do smog fotoquímico é um pouco retardada e, à noite, o processo pára completamente. Na oxidação dos hidrocarbonetos, formam-se várias substâncias. Um dos gases é o ozono (O_3). Estas substâncias (designadas por oxidantes) irritam os olhos e as mucosas com que entram em contacto. Devido a este gás, o pneu estala e desfaz-se, mas apenas durante o dia e não à noite.

O ozono ocorre naturalmente na ozonosfera a uma altitude de cerca de 30 km, onde é formado pela ação dos raios ultravioleta sobre as moléculas de oxigénio. A esta altitude, forma um escudo contra a radiação ultravioleta potencialmente mortal do Sol e também bloqueia o caminho dos raios infravermelhos reflectidos da Terra, assegurando assim uma temperatura adequada à vida perto e à superfície da Terra.

O ozono, que está contido no smog fotoquímico, irrita fortemente os olhos e as mucosas. Nas suas concentrações, frequentemente encontradas nas cidades, provoca sensações desagradáveis no nariz e na garganta depois de uma pessoa ter estado sujeita à sua ação durante apenas dez minutos. É possível que a exposição periódica ao ozono em concentrações de apenas 0,25 ppm durante vinte anos induza a fibrose pulmonar (substituição do tecido pulmonar normal por tecido conjuntivo).

Efeitos da poluição atmosférica no clima:

    1) A poluição atmosférica pode provocar um aumento da temperatura média da Terra. As moléculas de CO_2 actuam como uma armadilha atmosférica para o calor emitido pela superfície da Terra. O calor "retido" é devolvido, dando origem ao chamado *efeito de estufa*. Devido à crescente utilização de combustíveis fósseis pelos seres humanos, as concentrações de CO_2 aumentaram de 290 ppm em 1900 para mais de 320 ppm atualmente. A temperatura média do hemisfério norte aumentou gradualmente entre 1880 e 1940. Supõe-se que um aumento da temperatura da Terra de apenas 2 a 3°C pode ser suficiente para derreter as calotas polares. A subsequente subida dos oceanos inundará as zonas costeiras, o que significaria uma catástrofe para toda a humanidade.

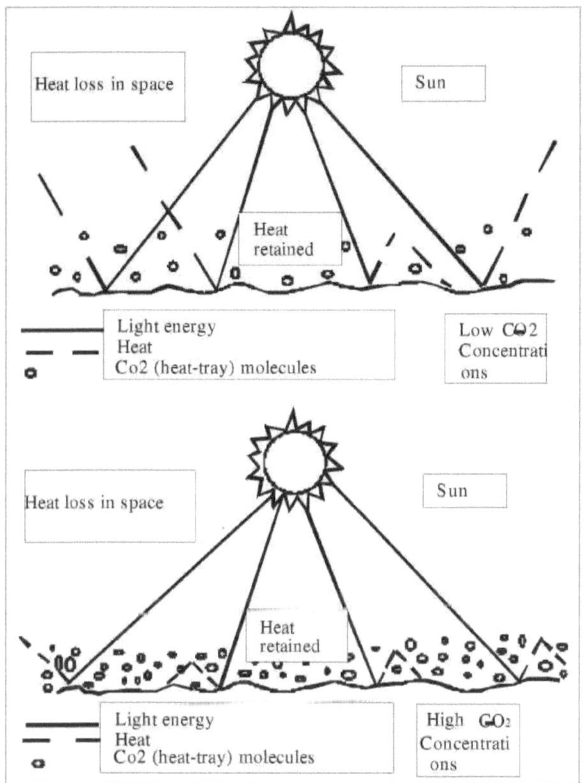

Efeito de estufa.

1) A poluição atmosférica também pode baixar a temperatura média da Terra. Embora a maior quantidade de CO_2 na atmosfera tenha um efeito de aquecimento, o aumento de substâncias finamente pulverizadas pode provocar um arrefecimento. Estas partículas (poeira, fuligem, etc.) não só dispersam a energia radiante proveniente do sol, como também são capazes de absorver o calor (raios infravermelhos do espetro) que a superfície da Terra emite normalmente para a atmosfera. ação de arrefecimento manifestou-se fortemente em 1883, quando o vulcão da ilha de Krakatoa entrou em erupção no arquipélago indonésio. A maior parte da ilha foi literalmente

"soprada" para a atmosfera sob a forma de milhões de toneladas de poeira. Ao longo de vários anos, estas partículas circularam o globo várias vezes, tendo-se verificado claramente um arrefecimento do clima, onde, em algumas zonas temperadas, até nevava em junho.

2) A poluição atmosférica pode reduzir a quantidade de luz solar que atinge a superfície da Terra. Este efeito deve-se à dispersão da luz por substâncias finamente pulverizadas na atmosfera.

3) A poluição atmosférica provoca chuvas mais frequentes. O ar aquecido da cidade absorve a humidade, que é um subproduto da combustão dos combustíveis, e forma nuvens sobre a cidade. Este processo é reforçado pela presença de sólidos e líquidos dispersos. Estes estão presentes por todo o lado no ar urbano e servem de núcleos de condensação quando juntam gotículas de água muito pequenas em formações maiores.

A destruição da camada de ozono. Os gases emitidos na produção de produtos de espuma, a utilização de refrigerantes e os aerossóis afectam o estado da camada de ozono que envolve a atmosfera. A camada de ozono protege a Terra da radiação ultravioleta. A sua destruição provocará uma diminuição da produtividade da agricultura, um aumento dos cancros e outros.

Chuvas ácidas. O dióxido de enxofre (SO_2) emitido pela combustão de combustíveis contendo enxofre é convertido em ácido sulfúrico na precipitação, daí o nome do fenómeno. Estas chuvas têm um efeito nefasto sobre a vegetação (Owen, 1989,b).

Métodos de luta contra a poluição do ar ambiente. Um dos métodos de luta é a purificação do ar dos poluentes. Os colectores de pó são utilizados para a purificação do pó. Os colectores de pó mecânicos são: *gravitacionais.* A velocidade do fluxo que entra neles é reduzida e as partículas de poeira assentam devido ao seu maior peso. Nos *colectores de poeiras por inércia*, a corrente que entra muda forçosamente a direção do seu movimento, fazendo com que as partículas de poeira atinjam a superfície reflectora (barreira mecânica), diminuindo a sua velocidade e caindo na câmara.

Nos colectores de poeiras centrífugos - ciclones, as partículas são conduzidas circularmente e, ao mesmo tempo, movidas radialmente sob a ação da força centrífuga, em resultado da qual assentam. Os ciclones são um tubo cónico com um orifício lateral no qual está instalada uma espiral. A eficiência do seu trabalho depende do diâmetro do tubo e da velocidade do fluxo de poeiras que entra. Os colectores mecânicos de poeiras são utilizados na purificação de gases, contendo poeiras minerais ou orgânicas (madeira, farinha). Os ciclones podem reter partículas com um tamanho superior a 5 µm a um caudal de gás elevado e a uma temperatura elevada.

Nos *colectores de pó com filtros,* as partículas de pó são retidas num filtro. Dependendo do material do filtro, estes colectores de pó têm uma camada porosa, filtros de fibra e filtros de tecido. Os filtros de tecido retêm partículas com menos de 5 µm, graças às quais têm uma taxa de purificação muito elevada (99%), a uma velocidade baixa e a uma temperatura muito elevada do fluxo de gás. Os filtros são periodicamente limpos das partículas de pó que lhes aderem.

Os colectores de pó com painéis movem-se num banho de óleo e, assim, as partículas que aderem a eles são periodicamente limpas.

Colectores de pó com depuração húmida. Estes dispositivos são adequados para a purificação de gases a velocidade média, contendo gases inflamáveis ou venenosos.

Colectores de pó pulverizado. Neles, a água é injectada e as gotículas finas são coladas às partículas de poeira.

Colectores de pó por condensação. Funcionam segundo o princípio da condensação. O ar poluído de entrada com elevada humidade, que contém em estado suspenso as partículas sólidas de poeira, é sujeito a uma forte diminuição da pressão. Parte do vapor de água condensa-se à volta das partículas sólidas de poeira, que actuam como núcleos de condensação. As partículas humidificadas são facilmente separadas do fluxo de ar.

Electrofiltros. Nestes aparelhos, a poeira é removida sob a ação de um campo elétrico. O ar poluído passa entre dois eléctrodos. Um elétrodo, chamado coronerador, carrega as partículas de poeira com uma carga eléctrica negativa. As partículas carregadas negativamente depositam-se no outro elétrodo. Os precipitadores electrostáticos podem ser com eléctrodos tubulares e com eléctrodos de painel.

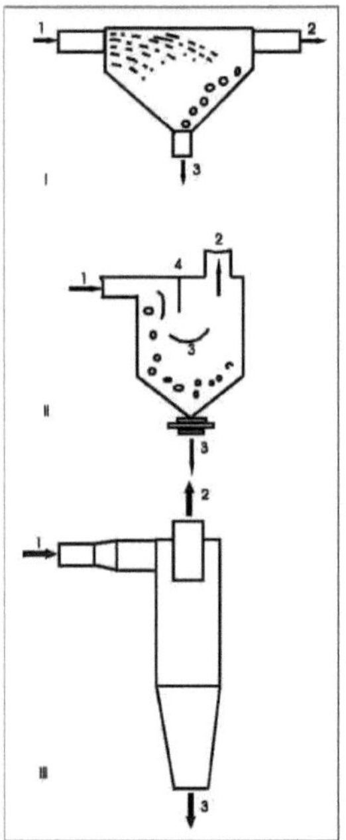

Colectores de pó mecânicos com purificação a seco:
I - gravitacional, II - inercial, III - ciclónica;
1 - fluxo de ar de entrada, 2 - saída do gás purificado, 3 - pó capturado, 4 - ecrã.

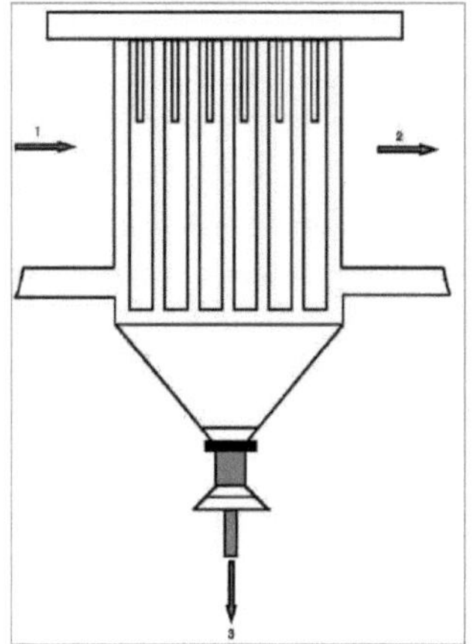

Coletor de pó de purificação húmida (fralda líquida):
1 - caudal de ar que entra; 2 - saída do ar purificado; 3 - lamas.

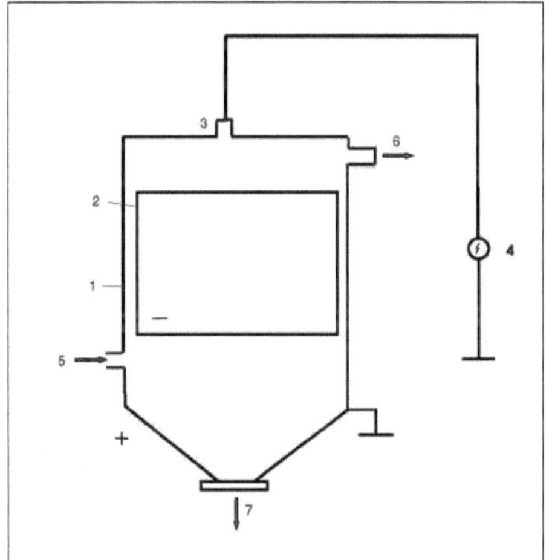

Esquema do princípio do electrofiltro: 1-eletrodo de sedimentação; 2-eletrodo de coroamento; 3-isolador; 4-fonte de alimentação; 5-fluxo de ar de entrada; 6-saída do ar purificado; 7-saída do pó.

Métodos químicos de depuração do ar atmosférico. Métodos não catalíticos: em que as impurezas dos gases nocivos emitidos na produção são eliminadas da mistura gasosa por condensação ou absorção. Trata-se de métodos de absorção e adsorção. O primeiro grupo inclui: *método da cal* - o dióxido de enxofre (SO_2) é removido com hidróxido de cálcio e obtém-se sulfato de cálcio; *métodos de amoníaco* - existe um elevado grau de captura de (SO_2), mas é utilizado muito amoníaco; método de magnésio - permite a purificação de um grande volume de gases residuais, o trabalho com gases quentes e a preparação de um subproduto - ácido sulfúrico. No segundo grupo, os métodos de adsorção, a substância presente num meio gasoso ou numa solução é absorvida pela superfície de substâncias sólidas porosas. Estes métodos são aplicados na purificação de gases residuais de (SO_2) com carvão ativado, carbonato de cálcio, dolomite, etc.

Nos *métodos catalíticos*, os gases nocivos não são removidos do sistema, mas decompõem-se noutras substâncias que permanecem na mistura gasosa ou são posteriormente removidas.

Outros métodos de luta contra a poluição do ar ambiente são o desenvolvimento e a aplicação de produções, técnicas e tecnologias respeitadoras do ambiente. A invenção de novos motores para veículos que emitam cada vez menos gases nocivos para a natureza. Neste domínio, a legislação ambiental pode ajudar a promover estes desenvolvimentos (Mihaylov, Petrova, 1993).

XII. Ruído ambiente

O som é uma forma de energia e pode ser rastreado até à sua fonte original, a energia radiante do sol. Propaga-se na atmosfera sob a forma de ondas sonoras a uma velocidade de cerca de 335 m/s. Uma das características mais interessantes do som é a notável amplitude da sua intensidade. A energia sonora pode ser medida em watts (W), equivalente aos watts com que se mede a energia eléctrica. No entanto, como as medições em watts são demasiado incómodas, os cientistas utilizam os decibéis (dB) como unidades de medição do som. O ruído intenso polui o ambiente com ondas sonoras com efeitos nocivos para todos os organismos vivos. Os trabalhadores industriais sujeitos a ruídos com uma intensidade de 80 dB durante um dia de trabalho de oito horas podem perder a audição, e uma intensidade de 85 a 180 dB é considerada perigosa e pode danificar não só o aparelho auditivo, mas também os sistemas circulatório, nervoso, endócrino e reprodutor.

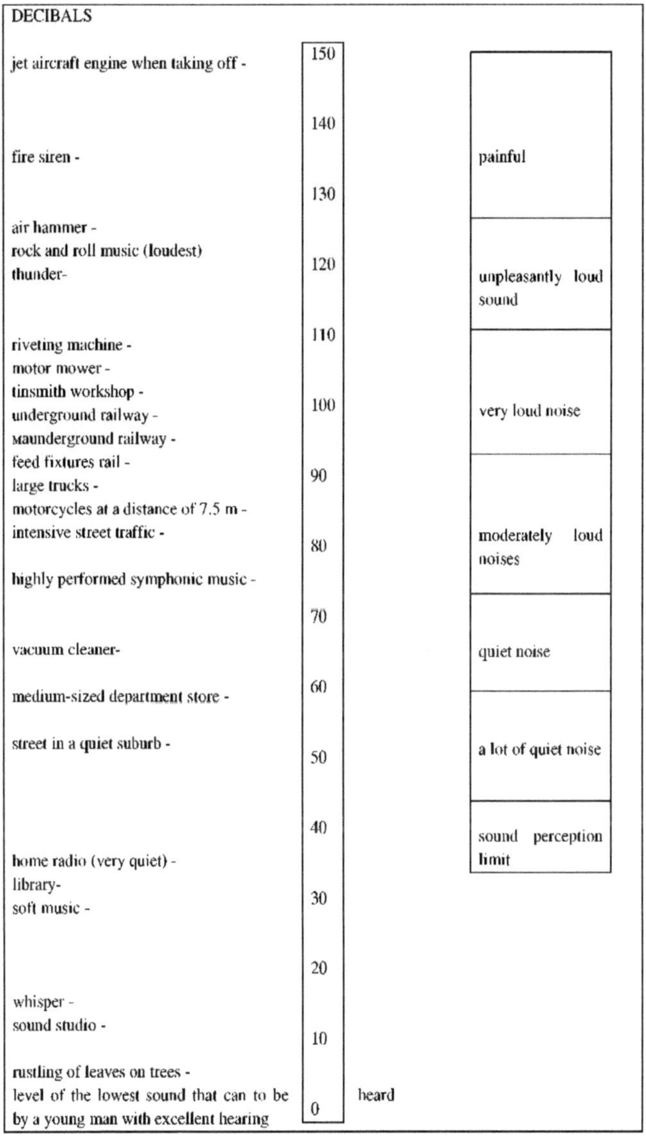

Níveis de ruído em meio urbano.

Métodos de luta contra o ruído. Estes incluem o desenvolvimento de novas tecnologias para reduzir o ruído. Por exemplo, o "jamming pot" nos automóveis é uma dessas tecnologias. Um motor elétrico relativamente silencioso e amigo do ambiente pode reduzir tanto a poluição atmosférica como o ruído. Os caminhos-de-ferro subterrâneos, o chamado "metro", também podem ser mais silenciosos se se deslocarem sobre rodas de borracha, como acontece em Montreal, no Canadá, e na Cidade do México, no México. Outro método consiste em instalar isolamentos acústicos nos edifícios. Muitas barreiras acústicas vegetais são eficazes. Instalação de barreiras de proteção contra o ruído nas estradas. E uma das medidas mais importantes para combater o ruído é um bom planeamento urbano e o cumprimento da legislação ambiental (Owen, 1989,b).

XIII. Problemas de ecologia nos aglomerados populacionais

1. Emissões da indústria e dos transportes.
2. Emissões de uma fonte de energia próxima da localidade
3. Abastecimento de água, saneamento e proteção da limpeza da água.
4. A libertação diária de enormes quantidades de resíduos.
5. A proteção da limpeza dos solos e das florestas em torno das cidades.
6. A carga sonora dos meios de transporte.
7. A presença de radiações não ionizantes e electromagnéticas provenientes de equipamentos eléctricos potentes e de equipamentos de telecomunicações.
8. Perigo de poluição ambiental e de catástrofes causadas por acidentes industriais (por exemplo, a explosão da central nuclear de Chernobyl-Ucrânia) (Mikhailov, Petrova, 1993).

Proteção da população, do ambiente e da economia nacional contra as catástrofes radiológicas. O limite seguro de radiação para a população é de 0,3 ber por ano. As principais medidas para a proteção da população são:

1) Controlo constante (monitorização) da situação de radiação e consciência constante da mesma.

2) Disponibilização às famílias que vivem num raio de 30 km em torno das centrais nucleares de uma ligação rádio independente da corrente eléctrica e bidirecional.

3) Cada pessoa deve ter instruções escritas sobre o seu comportamento numa zona povoada. Não entre em pânico.

4) Fornecimento imediato e completo de iodeto de potássio, e que as famílias próximas de centrais nucleares tenham um permanentemente no seu armário de medicamentos.

5) Disponibilidade de abrigos preparados onde a população se possa esconder em caso de necessidade (talvez caves). As janelas e portas devem ser seladas. Não fique ao ar livre e saia do quarto.

6) Forneça um mínimo de um recipiente de água limpa por dia e por agregado familiar.

7) Forneça alimentos enlatados, em todo o caso frescos. Forneça máscaras contra o pó, capas, meias e luvas a cada pessoa.

8) Organização da proteção armada contra saqueadores.

9) Estado de emergência imediato.

Medidas de recuperação do ambiente após contaminação radiológica.

1. Apreensão da camada superior do solo e sua purificação.

2. Destruição de produtos agrícolas contaminados.

3. Tratamento de águas em reservatórios de água.

4. Recolha e armazenamento seguro dos resíduos do acidente.

5. Restrição (quarentena) da utilização de zonas infectadas.

Para garantir uma combinação óptima entre ordenamento do território e equilíbrio ecológico, é necessário estudar minuciosamente os parâmetros ambientais do território das cidades, limitar a carga demográfica de acordo com as condições naturais, proceder a um planeamento urbano adequado, ou seja, uma localização apropriada de aeroportos, auto-estradas e avenidas, criação de estradas sinuosas, arborização, controlo administrativo, criação de uma organização de recolha e eliminação (armazenamento) de resíduos domésticos e industriais.

Resíduos sólidos. Os resíduos sólidos são um dos maiores problemas da urbanização (urbos-city). Trata-se principalmente de papel, latas, garrafas, carros velhos, pneus e plásticos. O melhor método de combate aos resíduos sólidos é a utilização de embalagens e materiais de embalagem facilmente degradáveis, como o papel e os plásticos especiais de envelhecimento rápido, e também a utilização de materiais que possam ser usados repetidamente. Neste caso, a recolha selectiva de resíduos é uma excelente forma de resolver os problemas relacionados com os resíduos sólidos urbanos. Para isso, no entanto, é necessário colocar contentores em toda a cidade para a recolha selectiva de resíduos e criar hábitos de recolha nas pessoas.

Lixeiras. Locais fora da cidade onde os resíduos são eliminados ou incinerados, mas o método não é amigo do ambiente. Por isso, recorre-se às *fossas sanitárias*. Trata-se de escavações feitas em terrenos inferiores, algures na periferia da povoação. Por vezes, podem ser utilizadas para este fim fossas de terra, das quais foi retirada uma massa de terra - por exemplo, uma antiga pedreira. No final de cada dia, os resíduos sólidos acumulados são nivelados com um bulldozer e uma camada de terra é deitada por cima. As vantagens deste método são óbvias. Ao encher as fossas sanitárias, a poluição do ar e da água é minimizada, a reprodução de moscas e roedores e, por conseguinte, a propagação de organismos causadores de doenças são limitadas, uma vez que a fossa sanitária está cheia até à borda.

As fossas sanitárias devem cumprir uma série de requisitos para a escolha do local, para a construção de um substrato, um sistema de remoção dos gases formados pela decomposição e para a monitorização ambiental durante um longo período de tempo após o seu enchimento e selagem finais.

Compostagem. Processo de conversão de resíduos sólidos numa massa semelhante a húmus sob a ação de bactérias. O composto é rico em substâncias orgânicas.

Incineração de cinzas em fornos especiais. Ao contrário da combustão simples em aterros, a incineração é efectuada em várias fases: 1) incineração dos resíduos a uma temperatura superior a 1000°C; 2) eliminação do resíduo de cinzas numa fossa sanitária; 3) remoção do calor residual. Os gases de escape são removidos numa câmara de combustão secundária. Até 90% das substâncias finamente pulverizadas são removidas por armadilhas electrostáticas.

Pirólise. Aquecimento na ausência de ar. Existem muitas vantagens, tais como a redução da poluição atmosférica, a recuperação de quantidades significativas e o tipo de produtos valiosos, por exemplo, óleos leves, alcatrão, solventes, sulfato de amónio, carvão animal, gás queimado (Owen, 1989, b).

XIV. Principais elementos químicos que poluem o ambiente

Quadro 1. Elementos químicos básicos que poluem o ambiente

Element	Toxicity	Effects on man and living organisms	Source
Arsene As	Extremely high	Renal failure, mental disorders	Extraction and combustion of fossil fuels, detergents, metallurgy, pesticides
Cadmium Cd	Very high	Hypertension, kidney disease, leukemia	Metal coatings, cigarette smoke
Chromium Cr	High	Carcinogenic (crustacean)	Electroplating of metals
Copper Cu	Medium	Liver diseases	Extraction of metal coatings, copper pipes
Iron Fe	Medium	Causes infections	Rust, oxidation
Lead Pb	High	Leukemia, renal failure, mental retardation	Extraction and enrichment of mineral raw materials, lead pipes, paints, automotive gases
Manganese Mn	Medium	Manganosis, diseases of internal organs	Acid mine drainage water and industrial waste
Mercury Hg	Extremely high	Nervous disorders, blindness, birth defects	Mercury lamps, thermometers
Zink Zn	Low	Numerous diseases can result from this element	Industrial runoff water

XV. Avaliação do impacto ambiental (AIA) e controlo ambiental

Avaliação de Impacto Ambiental (AIA) - o processo de avaliação de planos, programas, projectos e até plataformas políticas quanto ao seu potencial impacto no ambiente e à formulação de propostas e alternativas aceitáveis para a sociedade e para o indivíduo antes de tomar decisões sobre a sua implementação. Por outras palavras, não polua para não ter de limpar depois.

Monitorização ambiental. A monitorização ambiental é o processo de acompanhamento e controlo do estado do ambiente em todas as suas componentes (ar, água, solo, rochas, ecossistemas, espécies) e o alerta para situações críticas criadas que sejam prejudiciais ou perigosas para o ambiente e para o homem. Está a ser criada uma rede de pontos de recolha de dados sobre o estado do ambiente em todo o país. A localização dos pontos deve ser especificada numa base científica. Por exemplo, os factores climáticos e meteorológicos são tidos em conta na criação da rede de pontos de controlo do ar. A regra é construir os pontos em torno dos poluentes. A amostragem é efectuada em relação a todos os compartimentos ambientais - ar, águas

superfíciais e subterrâneas, solos e rochas, o movimento de resíduos é
monitorizado.

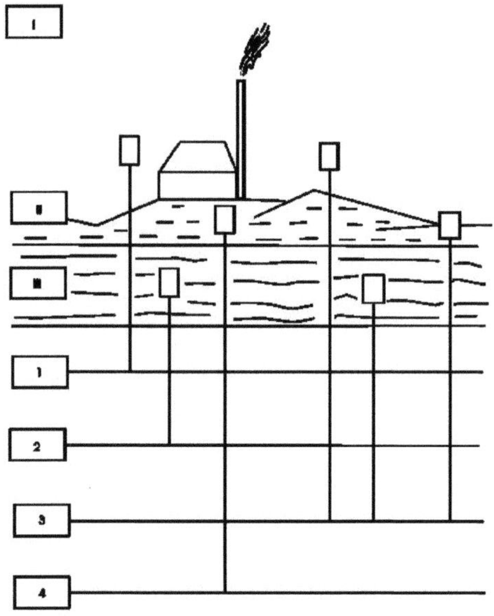

Ponto de controlo ambiental por componentes constituídos por poluentes
industriais: I-ar, II-água, III-solo; 1 ponto para o controlo do ar, 2 pontos para o
controlo do solo, 3 pontos para o controlo das radiações, 4 pontos para o controlo da
água.

As estações devem estar equipadas com instrumentos. A recolha de amostras
é manual ou automática. O componente mais dinâmico do ambiente é o ar.
Se a amostragem for manual, deve ser recolhida de três em três horas. As
estações automáticas marcam as amostras de acordo com um programa
predefinido, normalmente a 30 minutos de distância.

A mudança nos cursos de água é mais lenta e, por isso, o seu estado é
controlado a intervalos mais longos, normalmente de 10 em 10 dias.

A alteração do solo é relativamente mais lenta, razão pela qual os dados são
recolhidos 1-2 vezes por ano e, nas terras aráveis, mais frequentemente.

Em áreas com um potencial perigo de contaminação por radiação, as
amostras são recolhidas pelo menos uma vez por mês (Mihaylov, Petrova,
1993).

XIV. Taxas de extinção de espécies vegetais e animais

Para os problemas de conservação da natureza, é extremamente importante o facto de ser ao nível da população-espécie que se dá o processo de evolução, tanto o aparecimento como a extinção de espécies. Normalmente, este nível aparece principalmente na descrição dos problemas de conservação da natureza viva.

1. Desaparecimento de plantas superiores. Não menos de 25-30 mil. As espécies de plantas superiores, ou seja, cerca de 8-10% do número total de espécies descritas de plantas com tecido condutor, no planeta estão ameaçadas de serem destruídas ou poderão em breve estar em estado crítico. Nos últimos 20 anos, uma pequena percentagem da sua flora foi reduzida em algumas regiões (quadros 2 e 3). A taxa de extinção está a aumentar. A situação de um certo número de espécies de um só exemplar é catastrófica.

O Livro Vermelho da Rússia (1984) inclui 603 espécies de plantas superiores. A maior parte delas são representantes das seguintes famílias. Lilliflower (12 espécies), Amarillis (11) espécies, Canopy blossoms (39 espécies), Asteraceae (53 espécies), Cruciferae (20 espécies), Bell blossoms (17 espécies), Carnations (17 espécies), Calunaceae (12 espécies), Legumes (36 espécies), Peruvian (19 espécies), Ubiferous (14 espécies), Lilium (43 espécies), Salepiana (35 espécies), Peónia (8 espécies), Cereais (23 espécies, incluindo 4 tipos de trigo, 2 tipos de centeio), Prímulas (16 espécies), Rosáceas (17 espécies, incluindo 2 tipos de amêndoas, 3 tipos de pêras, 1 tipo de ginja, morango silvestre, maçã, ameixa).

2. Musgos, algas, líquenes e cogumelos em vias de extinção. A lista de espécies raras e em vias de extinção na Suécia inclui 90 espécies de musgos, 70 espécies de líquenes e 50 espécies de cogumelos. Muitas espécies encontram-se apenas em 3-10 povoações da Suécia. Na última década, no Reino Unido, desapareceram os musgos *Helodium lanatum* e *Paludella squarrosa* (ambas as espécies são de pântano). A poluição atmosférica levou à extinção, numa grande área da Grã-Bretanha, de briófitos epífitos do *género Orthotrichum*. A colheita excessiva levou à extinção do musgo *Cyclodictyon Iaeterixens* do único local onde se encontrava esta espécie em Inglaterra (gruta de Howshole, na Cornualha), já há 70 anos. Noventa por cento dos musgos tropicais são espécies florestais, pelo que a sua sobrevivência depende da preservação das florestas tropicais. Das 900 espécies de algas marinhas existentes ao largo da costa da Grã-Bretanha, cerca de 1/3 são

consideradas raras.

3. Invertebrados extintos. Mais de 1,5 milhões de pessoas foram descritas. espécies de invertebrados e acredita-se geralmente que estas são metade ou um quarto das espécies que vivem no planeta neste grupo, por isso é difícil tirar conclusões sobre as espécies ameaçadas e ameaçadas de extinção. De acordo com dados de organizações ecológicas mundiais, várias centenas de espécies de invertebrados estão ameaçadas de extinção no mundo (o número real é provavelmente dezenas de milhares). Por exemplo, no Havai, das 1061 espécies de moluscos endémicos, 600 estão provavelmente extintas e outras 400 estão ameaçadas de extinção. Particularmente elevada é a taxa de extinção de insectos e outros invertebrados nas zonas industrializadas do mundo. Por exemplo, foram descritas cerca de 1.000 espécies de moluscos na América do Norte, das quais cerca de 40-50% estão extintas ou ameaçadas de extinção. Dois terços das borboletas da Europa estão atualmente ameaçadas de extinção. Entre 1946 e 1980, quatro espécies de borboletas foram extintas nos Países Baixos. No Reino Unido, morreram quatro espécies de libélulas (cerca de 10% das espécies) e 27% das espécies de borboletas morreram na Alemanha.

4. Peixes em vias de extinção. Existem mais de 168 espécies (0,84% da fauna mundial) e 25 subespécies de peixes ameaçadas de extinção. Cerca de 3,5% dos peixes de água doce estão em perigo de extinção. Cerca de 52,3% dos peixes de água doce na Europa estão ameaçados de extinção e nos mares em redor da Europa 53,5%. Em muitos locais, até mesmo o número de espécies anteriormente muito difundidas foi reduzido.

5. Anfíbios em vias de extinção. Durante o período histórico, duas espécies de anfíbios extinguiram-se por culpa do homem e uma espécie (a rã-pintada de Israel) extinguiu-se na década de 1950. Atualmente, cerca de 3 espécies de anfíbios (cerca de 2% da fauna mundial) estão em perigo de extinção.

6. Desaparecimento de répteis. Desde 1600, morreram 20 espécies de répteis. Atualmente, nada menos do que 1,8% de todas as espécies de répteis do mundo estão em situação de perigo. No entanto, a situação em algumas regiões é muito preocupante. Na Austrália, na República Checa e na Eslováquia, cerca de 1/4 das espécies de répteis estão em perigo de extinção. Duas famílias de répteis estão à beira da extinção: A tartaruga de couro *(Dermochelidae)*, os gaviais *(Gavialidae)*, duas outras famílias (tartarugas marinhas com 6 espécies de *Chelonoidea)* e os verdadeiros crocodilos

(Crocodylidae) com 13 espécies estão em perigo. Entre os desaparecidos estão 8 géneros de répteis.

7. Aves em vias de extinção. Desde 1600, 109 espécies (cerca de 1%) de aves da Terra morreram, e atualmente mais de 3% (274 espécies) estão em perigo: segundo outros dados, 503 espécies estão ameaçadas em 1982.

Uma subordem *(kary, Phinocheti) e uma família (*Atrichornithidae, *aves que vivem nos arbustos)* estão em perigo, assim como 17 géneros diferentes. Os outros grupos mais ameaçados (por número de espécies em perigo) são os grous, as abetardas, todas as aves de rapina, os faisões, os papagaios e as aves do paraíso.

Tendo em conta a dificuldade de contar com precisão as aves, é evidente que o número de várias dezenas de espécies de aves é atualmente inferior a 250 indivíduos e o número de cerca de 20 espécies é inferior a 50 indivíduos. Das 408 espécies de aves da Europa Ocidental, 294 espécies (72%) estão em perigo.

8. Mamíferos extintos. Em todo o mundo, de 1600 a 1974, 64 espécies de mamíferos foram destruídas e 233 espécies (6,2%) estão em situação de perigo. Ameaçadas de extinção estão as ordens Sirens e Chobotni, bem como a família *Duubentoniidae e os representantes da Daubentoniidae. Solenodontidae* e grandes símios. Existem cerca de 30 géneros de mamíferos no mundo que estão em vias de extinção. Atualmente, 8 formas de mamíferos são criadas apenas em situações de emergência e não se encontram na natureza, e o número de pelo menos mais 20 espécies não excede 200-250 индивида.

Mais de metade dos mamíferos da Europa (155 espécies) estão em perigo (dos quais 55 são particularmente pobres).

9. Causas da extinção de espécies. Como mostram os quadros 4 e 5, a primeira causa de uma diminuição perigosa dos efectivos é, sem dúvida, a destruição dos habitats. Seguiram-se a destruição direta (caça, colecionismo, etc.) e a influência das espécies introduzidas. O número de 19 espécies foi deliberadamente reduzido devido à perseguição direta de animais como predadores e répteis. Quatro espécies foram gravemente afectadas diretamente pela contaminação química do meio e seis pelo fator de preocupação. Em geral, os mesmos factores que causam a extinção dos vertebrados são a causa da extinção dos invertebrados e das plantas.

10. Conservação da natureza viva.

a) Para a conservação das espécies e das populações diretamente nos seus habitats, desenvolvem-se atualmente com sucesso duas formas principais: o desenvolvimento de uma rede de áreas protegidas e a proteção das espécies em territórios transformados pelo homem. As áreas protegidas são um elo fundamental na organização da conservação de um grande número de animais e plantas. A sua área está em constante crescimento, mas a esmagadora maioria das reservas (parques naturais) por território é tal que não pode proporcionar espaço vital para populações de grandes mamíferos e aves. Por conseguinte, se quisermos manter os grandes animais nas nossas reservas durante muito tempo, é necessário desenvolver e aplicar medidas especiais para manter as suas populações num estado viável. Essas actividades são o intercâmbio de material genético entre reservas, a redução da pressão da seleção natural nos primeiros anos de vida dos indivíduos, a criação de zonas tampão em torno das reservas, etc. Isto significa que, em muitos casos, temos de interferir com a vida dos animais nas reservas sem tentar deixá-los intocados.

b) Cultivo em condições controláveis. Trata-se de jardins botânicos, dendrariums, jardins zoológicos, centros de reprodução de espécies raras de animais. São utilizados métodos biológicos modernos, como a inseminação artificial, o transporte e armazenamento de esperma congelado, o transplante de embriões, a estimulação da ovulação e a utilização de animais de outra espécie como progenitores. É importante organizar programas a longo prazo para a criação de animais raros em condições controladas em todo o mundo. Outro método é a criação de centros de reabilitação para animais feridos e doentes. Depois de curados, regressam aos seus habitats naturais.

c) Engenharia ambiental. Utilização de abordagens e métodos ambientais para o desenvolvimento e implementação de projectos de base científica para a reaclimatação e aclimatação. Migração de formas raras de plantas e animais sujeitos a influência antropogénica em reservas naturais às quais não podem chegar por migração natural.

d) Bancos de genes e outras formas de preservar a vida. Recolha de material genético - sementes, esperma, células sexuais e somáticas, zigotos, embriões e outros tecidos e seu armazenamento, por exemplo, congelamento por determinados períodos de tempo e sua constante renovação. Outra forma de conservar a natureza viva é a "domesticação" de plantas e animais. Cada vez mais espécies são criadas por amadores ou para diferentes fins - por exemplo, a indústria farmacêutica, as pisciculturas e outros.

e) Aumento natural da sustentabilidade. A razão da morte de muitas espécies devido à pressão antropogénica é a diferença significativa entre a taxa de alteração antropogénica do ambiente e o ritmo normal do processo evolutivo, formado ao longo de centenas de milhões de anos. Se esses mesmos produtos químicos perigosos para os organismos vivos se acumulassem no ambiente não rapidamente, mas gradualmente, ao longo de um número suficientemente grande de gerações, é possível que a seleção natural, com base na variabilidade hereditária, consiga formar novas formas mais estáveis de organismos.

f) Uma nova atitude em relação à natureza. A relação do homem com a natureza, incluindo a natureza viva, é uma das formas de consciência social e é determinada pelas normas morais da sociedade. A "ecologização" emergente na mente das pessoas em muitos países, que terá inevitavelmente um impacto positivo na solução da maioria dos problemas de conservação da natureza viva. A humanidade deve começar a pensar não apenas na perspetiva dos interesses e preocupações do indivíduo, da família, das comunidades ou dos países (as guerras são alguns dos maiores poluidores e destruidores da natureza), mas também num "aspeto planetário". (Yablokov, Ostroumov, 1989).

Quadro 2. Escala de extinção / extinção / de espécies de plantas superiores nos últimos 200 anos (segundo Yablokov e Ostroumov, 1983, 1985 com adiçõcs)

Country	Number of endangered species	Part (%) dying of total flora
Bulgaria	31	about 0,9
Hungary	23	about 1,1
Czech Republic and Slovakia	76	about 4
	89 / *Asteraceae*+ferns/	4
Germany	40	about 1
France	9 /+ 7 probably died out/	about 1
Denmark	from 50 to 75	about 4
Netherlands	62	4,8
Belgium	37	2,3
Sweden /since 1850/	46	-
Switzerland	58 /+214 probably died out /	-
SASCH	over 200	over 10
USA-Hawaii	76	-
Australia	Probably thousands of species	up to 50
Madagascar		

Quadro 3. Parte das espécies (%) na flora de plantas superiores

ameaçadas em alguns países, (segundo Malishev, 1981; Yablokov e Ostroumov, 1983, 1985; Livro Vermelho da Bulgária, 1984, etc.)

Countries, region	Percentage of threatened species	Absolute number of species, years
Bulgaria	approx. 21	763, of which 31 have died, 158 are threatened with extinction, 574 are rare and require conservation /1984/
Hungary	More than 14	-
Germany /+mosses and ferns, without neophytes/	55	865 endangered species, 18 guarded rare species, 46 species guarded due to cultural and economic value, 205 species in potentially threatened condition /1983, 1984/
Cuba	16	959 species of Gymnosperms and flowers (endangered or killed), of which 832 endemics (native species) /1983/
Moldova	13,7	240 /1980/
United States	48-53	2560 endangered
Switzerland	approx. 28	773 species of higher plants (of which 46 died, 213 were endangered, 261 were vulnerable, 194 were rare, 59 were "attractive" /1982/
Sweden	over 5	73 species of higher plants, 87 species of mosses are threatened /1985/
Denmark	over 10	149 species, of which 9 have died, 50 are endangered, 83 are vulnerable /1986/
South Africa	approx. 20	29 dead, endangered 118, vulnerable 183, rare 495, unclear situation for 983 species /1985/
Australia	Minimum 10	76 dead, 203 endangered, all vulnerable and endangered species 2206 /1986/
The whole world	20-25%	60 thousand, the type /1985/

Quadro 4. Número de espécies (%) de vertebrados extintos por várias razões de 1600 a 1974 (dados resumidos de Nilsson, 1983), entre

parêntesis - número absoluto de espécies

Reason	Amphibians	Reptile	Birds	Mammals	All groups
Use	0	32 (7)	19 (21)	23 (14)	21,5 (42)
Habitat destruction	100 (1)	5 (1)	20 (22)	19 (12)	18,3 (36)
Influence of introduced species	0	42 (8)	22 (24)	20 (13)	23,0 (45)
Direct destruction	0	0	0	1,6 (1)	0,5 (1)
Accidental death, diseases, etc.	0	0	1	0	0,5 (1)
Natural factors	0	0	1	1	1,0 (2)
Unknown	0	21 (4)	37 (40)	36 (23)	43,3 (67)

Quadro 5. Número de espécies de vertebrados ameaçadas (%) de acordo com o Livro Vermelho Internacional (Nillson, 1983), entre parêntesis o número absoluto de espécies

Reason	Pisces	Amphibians	Reptile	Birds	Mammals	All
Overuse (hunting,	9,8	5 (2)	50 (39)	20	31 (72)	23,2
collecting)	(16)			(54)		(183)
Habitat destruction		82 (27)	22 (16)		32 (74)	
(except	65,9			59		49,5
environmental	(111)			(161)		(389)
pollution)						
Influence of		9 (3)	24 (19)		17 (40)	
introduced species	23,8					
Direct destruction	(40)	0	2 (2)	12	8 (19)	17,1
Accidental death,	0	0	1 (1)	(33)	2 (5)	(135)
diseases, etc.	0,5					
Natural factors	(1)	0	0	0,6	0	3,0 (23)
Contamination of	0	4 (1)	0	(2)	0	1,3 (10)
the medium	0	0	1(1)	1 (3)	10 (23)	
Unknown	0					0,4 (3)
				1 (3)		0,5 (4)
				1 (3)		4,2(33)
				3 (9)		

XVII. Tipos de sítios naturais protegidos

Os sítios naturais protegidos são objectos raros de natureza nativa, do ponto de vista científico, económico ou estético, situados no seu local original. Trata-se de uma parte da superfície terrestre com formações peculiares, ou de representantes do reino animal ou vegetal, ou de todo um complexo - uma comunidade natural da natureza.

1. Reservas. Para as reservas são declaradas áreas individuais ou recantos da natureza, que se distinguem por comunidades vegetais e animais notáveis, valiosas para a ciência ou ameaçadas de redução e extinção, bem como aquelas cujas formas têm uma importância duradoura para a economia, razão pela qual são preservadas em estado natural.

Nas reservas são proibidas acções que violem o carácter natural original da natureza. É proibida a realização de qualquer atividade comercial. A entrada e circulação nas reservas é efectuada com a autorização do Ministério das Florestas e apenas em determinadas estradas e caminhos.

Nas reservas são efectuados estudos científicos sistemáticos das comunidades vegetais e animais num ambiente natural e dos solos e formas do campo.

2. Parques populares. Trata-se de zonas que se distinguem por uma grande variedade e beleza da natureza. Têm uma área relativamente grande e são adequados para o lazer e o turismo. A investigação científica também está a ser realizada nos parques populares.

Os limites dos parques nacionais podem incluir sítios protegidos de outras categorias, tais como reservas, marcos naturais, sítios históricos, etc. Estes sítios estão sujeitos a um regime estabelecido pela Lei da Proteção da Natureza.

3. Zonas protegidas. Para as áreas protegidas com uma paisagem caraterística são declarados recantos separados da natureza - belas encostas de montanhas, desfiladeiros, vistas características ao longo de estradas e caminhos-de-ferro e outros objectos que se distinguem pela beleza cénica, formações interessantes, vegetação diversa e que são adequados para o descanso e o deleite estético das pessoas.

4. Marcos naturais. Os marcos naturais são formações naturais distintas, cuja preservação é de interesse público devido ao seu significado nacional, geográfico ou científico. Trata-se de belas formações rochosas (cogumelos

de pedra, pontes de pedra, rios de pedra, ponors, grutas e outras formações cársicas, dunas de areia, pirâmides de terra, etc.; nascentes, lagos, pântanos, cascatas, fozes de rios, meandros; árvores centenárias notáveis, espécies raras de animais e plantas, etc.). Outros fenómenos naturais com significado estético, científico natural ou histórico e que se distinguem por alguns dos seus marcos característicos podem ser incluídos nos marcos naturais.

5. Animais protegidos. Sob o regime de proteção são colocadas espécies individuais de animais selvagens que estão ameaçadas de extinção ou destruição ou cuja preservação é necessária por razões económicas ou de investigação.

É proibido perturbar, capturar, ferir, matar, transportar ou vender animais protegidos, apanhar ou destruir os ovos de aves e as larvas e pupas de insectos protegidos, bem como danificar os locais onde estes se reproduzem ou vivem. É igualmente proibido exportar para o estrangeiro animais colocados sob proteção. Para examinar ou estudar animais protegidos, o Ministério das Florestas concede autorizações especiais a institutos ou investigadores individuais.

6. Plantas protegidas. Sob o regime de proteção em todo o território nacional estão colocadas e individualizadas espécies de plantas silvestres que se encontram ameaçadas de redução ou extinção, ou cuja preservação é necessária por razões económicas ou científicas.

É proibido arrancar, danificar, destruir ou desenterrar as plantas colocadas sob proteção, bem como a sua venda no estrangeiro apenas com uma autorização especial do Ministério das Florestas.

7. Lugares históricos. Como lugares históricos são declarados os lugares individuais ou partes deles em que se desenvolveram acontecimentos históricos conhecidos ou que são de interesse para a ciência e o turismo (Toshkov, Wihodtsewski, 1971).

XVIII. Ética e ecologia, bioética

Nos últimos anos, os ambientalistas têm tentado construir a sua própria ética sem formular o seu significado, uma vez que a utilização do significado poderia levar a conclusões incorrectas sobre o mundo físico e a atitude do homem em relação a ele. No entanto, continuamos a colocar a questão de saber qual a interferência do homem na vida na Terra que se justifica para satisfazer as suas necessidades. Temos de refletir muito mais seriamente sobre a nossa responsabilidade para com a natureza. Com a mesma medida ética, devemos pensar na vida das gerações futuras. É compreensível que a ética não possa ser desenvolvida apenas de acordo com os esquemas tradicionais, uma vez que há novidades na relação entre o homem e um mundo dependente de pessoas com elevada consciência.

As más acções das pessoas afectam o estado da natureza, que sofre connosco como um organismo vivo. Para o bem e para o mal, o homem dirige a natureza e a sua vida.

O homem está ligado à natureza. É por isso que ela se exprime como o estado que ele vive (se a destruir, significa que se destrói a si próprio). Quando o homem começar a tratar a natureza com sabedoria, ela reflectirá a nova qualidade da relação entre o homem e a natureza. Nesta perspetiva, vemos a natureza como um modelo para o futuro, relacionado com o comportamento moral do homem. Quando o sentido de responsabilidade do homem aumentar, e a natureza lhe retribuir com o bem, o mundo passará a outro estado. Se isso não acontecer, se continuarmos a poluir o ar, a água e a terra, seremos punidos como maus proprietários. A catástrofe ecológica será um novo castigo na história da humanidade.

Ao longo dos milénios, o homem compreendeu que lhe falta subordinar a natureza às suas ambições, razão pela qual desenvolve um sentimento de impotência que se transforma em hostilidade. Ao mesmo tempo, a natureza esconde os seus segredos do homem e não permite que ele se torne o seu dominador cruel e ganancioso, ávido de lucros. E quando se atreveu a sê-lo, vingou-se (por exemplo, o acidente atómico em Chernobyl ou os enormes deslizamentos de terra na costa búlgara do Mar Negro, formados devido à construção maciça de moradias de luxo que caíram no mar). Naturalmente, muitas coisas no mundo assustam uma pessoa e ela trata-as com medo e desconfiança. Intervém frequentemente de forma agressiva na harmonia do mundo físico, que responde aos seus actos irracionais, que contribuem com benefícios temporários e consequências ecológicas irreparáveis e duradouras.

Mais tarde, as pessoas aperceberam-se de que a Terra também precisava de cuidados e de amor, o que se reflectiu em programas específicos para trabalhar no mundo e viver na Terra. A atitude de muitas pessoas em relação ao mundo que as rodeia está a mudar devido às rigorosas exigências ambientais e à expansão da eco-cultura entre os povos.

O progresso técnico das últimas décadas, especialmente no domínio da biotecnologia, deu origem a uma multiplicidade de questões, cuja solução compromete, em certa medida, a posição da ética em geral. Estas questões são abordadas por um domínio científico interdisciplinar relativamente novo denominado "bioética" (bio - vida e ética - modo de pensar e de se comportar de acordo com o sistema de valores percebido). Por outras palavras, a bioética trata da questão dos valores, do valor e da dignidade da vida humana no contexto das conquistas biológicas, principalmente no domínio da ciência médica. É por isso que a bioética procura respostas para questões como:

1. Até que ponto podem ser efectuadas experiências com a vida humana?
2. Qual é o objetivo final da engenharia genética - económico ou biológico?
3. Qual é a nossa atitude em relação à decifração do genoma humano e à clonagem?
4. A espécie humana está ameaçada de degeneração?
5. A tecnologia moderna e o homem como objeto biológico ou como pessoa?
6. A nossa responsabilidade perante o fenómeno da "vida".
7. Experiências com embriões humanos e células estaminais - até onde e com que objetivo?

Em abril de 1997, o Conselho da Europa adoptou a Convenção sobre Bioética e, em setembro, o Protocolo que proíbe a clonagem humana, que entrou em vigor em 1 de março de 2001. As Nações Unidas redigiram uma carta de proibição da clonagem humana em 2002 (Kirov et al., 2003).

XIX. Economia e ambiente

Impostos verdes. De acordo com as sondagens, uma grande parte do público é de opinião que se deve gastar mais dinheiro na proteção do ambiente, mas a maioria detesta a ideia de impostos mais elevados. Ao mudar a base de tributação das receitas para as actividades que prejudicam o ambiente, os governos podem estabelecer novas prioridades sem aumentar o volume total de impostos.

A maioria dos governos, nos seus esforços para corrigir as falhas do mecanismo de mercado, recorre a regulamentos que ditam especificamente as medidas a tomar para atingir os objectivos ambientais. Esta abordagem tem, em muitos casos, dado bons resultados em matéria de proteção do ambiente e é particularmente importante quando não devem ser cometidos erros, como é o caso da eliminação de resíduos radioactivos ou da proteção de espécies ameaçadas. Os impostos devem ser um complemento dos regulamentos e não um substituto dos mesmos. Os impostos ambientais são atractivos porque podem realizar muitas tarefas. Cada produtor industrial ou consumidor decide como se vai adaptar ao elevado custo. Um imposto sobre os gases lançados no ar levaria algumas fábricas a instalar dispositivos adicionais para evitar a poluição atmosférica e outras a alterar os seus processos de produção. Em forma de miniatura, já foram introduzidos impostos ecológicos ou ditos "verdes". Os impostos ecológicos ou ditos "verdes" já foram introduzidos em muitos países. A Organização para a Cooperação e Desenvolvimento Económico (OCDE) constatou que 14 Estados-Membros introduziram mais de 50 impostos e taxas ambientais - sobre a poluição do ar e da água, sobre os resíduos e o ruído, bem como impostos sobre determinados produtos, como adubos, pesticidas e baterias. Em 1989, o Congresso dos Estados Unidos decidiu introduzir um imposto sobre as vendas de produtos que contêm clorofluorocarbonetos que empobrecem a camada de ozono, acelerando assim o processo de eliminação desses produtos (Brown et al., 1993).

A extração tributa o direito de utilizar os recursos naturais. São introduzidos para os recursos naturais não renováveis. Em alguns países, são também introduzidos impostos sobre os recursos renováveis (utilização da água de fontes naturais, direito de extração de minerais, etc.). Estes impostos são concebidos de forma a que seja economicamente vantajoso para o produtor extrair tudo o que é útil dos recursos extraídos e transformá-los em produtos de qualidade.

Medidas especiais de incentivo do governo geral para a utilização de águas residuais. São aplicadas nos casos em que a utilização integral de materiais residuais tem como objetivo a substituição de matérias-primas naturais.

Sanções por violação dos valores-limite de emissão. Em muitos países, foram introduzidas sanções especiais, regulamentadas por uma portaria sobre a determinação e imposição de sanções por danos ou poluição do ambiente acima dos limites permitidos.

Incentivos económicos para a introdução de instalações de tratamento. Estes incentivos traduzem-se em diferentes tipos de benefícios fiscais, na utilização de empréstimos sem juros ou com juros muito reduzidos para a construção de diferentes tipos de instalações de tratamento.

Pagamento da poluição com base no princípio do "blister". De acordo com este princípio, um grupo de empresas que polui o ar ambiente recebe individualmente um limite admissível para as descargas. Estas empresas têm o direito de examinar a fronteira entre elas. Para algumas delas, o processo tecnológico oferece maiores oportunidades de reduzir as emissões, enquanto para outras é mais difícil. Neste caso, as empresas que reduzem as suas emissões muito abaixo do limite de modo a reduzir a poluição agregada são remuneradas por outras em que o processo tecnológico não oferece tais oportunidades. Por um custo menor, o mesmo efeito ocorre.

Utilização de fundos provenientes de impostos, taxas, multas e outras sanções económicas. Os fundos recolhidos são utilizados pelas autoridades estatais e locais para construir instalações de tratamento urbano, apoiar a polícia ambiental e outras medidas para melhorar o ambiente. A principal dificuldade deste regulador económico é a avaliação dos danos e a sua expressão monetária. Normalmente, os danos são directos e indirectos. Os danos directos são aqueles que são causados diretamente e que são visíveis, por exemplo, os derrames de petróleo. Os danos indirectos afectam o sistema ambiental após um longo período de tempo. A sua avaliação é mais difícil (Mihaylov, Petrova, 1993).

XX. Preparação da expedição

1. Antes da expedição, são previamente definidas as tarefas e os objectivos da expedição, as actividades a realizar e a equipa que irá participar.
2. O prazo adequado para a execução das actividades deve ser determinado em função dos objectivos, das previsões meteorológicas e da estação do ano.
3. É determinado o itinerário, a ordem em que as actividades e as tarefas de cada membro da equipa serão executadas.
4. Antes de partir, a equipa de expedição é informada.
5. Os veículos, caso existam, devem estar em bom estado de funcionamento e carregados com gasolina e com as peças sobressalentes e ferramentas necessárias.
6. Dados históricos dos objectos. Resultados de expedições anteriores.
7. Documentação de campo necessária: caderno de notas, autorizações de trabalho, protocolos de investigação, registo de campo, etc.
8. É elaborada uma lista dos aparelhos, acessórios e objectos pessoais necessários. Não deve haver excesso de coisas, mas ao mesmo tempo deve haver tudo o que é necessário para a execução das actividades.

Durante uma expedição, o ecologista deve usar:

- os instrumentos e ferramentas de investigação necessários;
- recursos financeiros necessários para o transporte, alimentação, dormida, etc;
- vestuário adequado - impermeável, roupa quente, calçado resistente;
- equipamento de proteção individual para permanecer em zonas infectadas;
- mapa da estrada para os sítios e mapas das localidades onde os sítios estão situados;
- bússola, lâmina, lanterna, régua, lápis com borracha, caderno de apontamentos, manual do ecologista, roleta, dispositivos adequados para guardar as amostras (sacos de plástico, papel de embrulho, frascos, garrafas de amostras, caixas, etc.) consoante o tipo de amostra. As amostras de água em tempo quente são armazenadas em caixas de refrigeração com pacotes de gelo adicionados, que podem ser comprados em estações de serviço ou supermercados;
- armário de medicamentos portátil que contenha os medicamentos essenciais, mas necessariamente: ligadura, penso rápido, antissético, álcool, soro anti-cobra, seringas e agulhas descartáveis, pomada antialérgica e comprimidos;
- telemóvel com possibilidade de carregamento a partir de uma tomada e num automóvel.

Изисквания към полевия дневник на еколога:

1. capa dura;
2. formato pequeno;
3. deixe páginas para esboços;
4. estar num invólucro impermeável;
5. a capa deve ser de cor viva para que possa ser encontrada facilmente quando se perder;
6. a primeira página contém o nome da organização, o nome e o endereço do ecologista para o caso de se perder;
7. As notas são guardadas com um lápis para as esfregar em caso de necessidade;
8. os objectos são numerados;
9. uma descrição de cada sítio;
10. introdução da data, hora, situação meteorológica (sol, nuvens, calor, frio, vento, chuva, neve, etc.);
11. os aspectos importantes são realçados;

12.   expressões curtas sem verbos - estilo telegráfico;
13.   O novo itinerário começa numa nova página;
14.   Na última página, deixe folhas em branco para material adicional - fotografias, esboços, uma descrição de fenómenos naturais.

Referências

1. Angelov, V., Popova, Z., Mladenova, J. 1990. Ecologia. Notas PI, integradas com VHTI, Sofia, 239 p.
2. Brown, L., Flavin, K., Meadow, S. 1993. Vamos salvar o planeta. Ed. "Técnica", Sofia, 227 pp.
3. Kirov, D., Svilenov, D., Korudzhiev, D. 2003. Ética cristã. Ed. "Sun", Sófia, 247 p.
4. Copal, Z. 1990. O mundo dos planetas terrestres. Ed. "Nauka i izkustvo", Sofia, 208 p.
5. Kortenski, J., Sotirov, A. 2002. Ocorrência e distribuição de elementos perigosos para o ambiente no leito de lenhite de Katrishte, província de Strouma-Mesta, Bulgária. Environmental Geosciences, Blackwell Publishing, , 9, 4, 191-199.EUA
6. Mihaylov, C., Petrova, M. 1993. Fundamentos ambientais da produção. Ed. "Tehnika", Sofia, 78 p.
7. Nikonov, A. 1987. Terramotos... passado, modernidade, previsões. Ed. "Ciência e Arte", Sófia, 178 p.
8. Owen, O. 1989. Conservação dos recursos naturais 1. Ed. "Zemizdat", Sófia, 389 p.
9. Owen, O. 1989b. Conservação dos recursos naturais 2. Ed. "Zemizdat", Sófia, 311 p.
10. Petkov, I., Zidarov, D., Boyadzhieva, K., Velinov, T. 1989. Física da Terra. Ed. "Narodna prosveta", Sofia, 205 p.
11. Toshkov, M., Wihodtsewski, N. 1971. Sítios naturais protegidos. Ed. "Zemizdat", Sófia, 180 p.
12. Yablokov, A., Ostroumov, S. 1989. Conservação da natureza viva. Ed. "Zemizdat", Sofia, 187 pp.

CAPÍTULO 2. MANUAL DE MONITORIZAÇÃO AMBIENTAL

I. Monitorização ambiental

A monitorização ambiental é o processo de acompanhamento e controlo do estado do ambiente em todas as suas componentes (ar, água, solo, rochas, ecossistemas, espécies) e de alerta para situações críticas criadas, prejudiciais ou perigosas para o ambiente e para as pessoas. É criada uma rede de pontos de recolha de dados sobre o estado do ambiente em todo o território nacional. A localização dos pontos deve ser especificada numa base científica. Por exemplo, ao construir a rede de monitorização do ar, são tidos em conta factores climáticos e meteorológicos. A regra é construir pontos em torno dos poluentes. A amostragem é efectuada em relação a todos os componentes do ambiente - ar, águas superficiais e subterrâneas, solos e rochas, o movimento de resíduos é monitorizado.

II. Avaliação de Impacto Ambiental (AIA)

Avaliação de Impacto Ambiental (AIA) - o processo de avaliação de planos, programas, projectos e até plataformas políticas quanto ao seu potencial impacto no ambiente e à formulação de propostas e alternativas aceitáveis para a sociedade e para o indivíduo antes de tomar decisões sobre a sua implementação. Por outras palavras, não polua para não ter de limpar depois.

A monitorização ambiental descreve os processos e actividades que devem ser realizados para monitorizar e caraterizar a qualidade do ambiente. O termo deriva da palavra inglesa monitor (-ing), que se traduz por supervisionar/controlar, com ênfase na primeira sílaba. A monitorização ambiental é utilizada para produzir uma avaliação de impacto ambiental (AIA), bem como em muitas circunstâncias em que a atividade humana comporta um risco de efeitos prejudiciais para o ambiente natural. Todas as estratégias e programas de monitorização têm razões e correspondências para serem concebidos de modo a determinar o estado atual do ambiente ou a estabelecer tendências nos parâmetros ambientais. Em todos os casos, os resultados da monitorização serão considerados, analisados estatisticamente e publicados. Por conseguinte, a conceção do programa de monitorização antes do início da monitorização deve ser relevante para a utilização final dos dados.

III. Conceção de programas de monitorização ambiental

Quase todos os tipos de monitorização são, em certa medida, invasivos do ambiente, com exceção dos métodos de teledeteção, pelo que uma monitorização mal organizada pode prejudicar o ambiente. A escolha do método de observação pode ser crítica, no caso de se tratar de organismos particularmente raros ou pouco susceptíveis à presença humana. Algumas técnicas de monitorização, como a captura de peixes para calcular a sua população, podem ser muito prejudiciais para a população. A perfuração de águas subterrâneas e de sondas de monitorização de camadas pode levar à perfuração de camadas contaminadas e, consequentemente, à contaminação da água potável e superficial. Eventualmente, os resultados de qualquer monitorização devem ser publicados, caso contrário o seu produto - a compreensão do ambiente - perder-se-á.

IV. Parâmetros de monitorização ambiental

Quimicamente

A gama de parâmetros químicos que têm um efeito potencial nos ecossistemas é muito grande e, em todos os programas de monitorização, deve visar-se a monitorização de um conjunto de parâmetros baseados no conhecimento local e em observações anteriores. A lista de parâmetros químicos pode ser reduzida ou aumentada, dependendo dos resultados da investigação. Há muitos anos que se estudam parâmetros de água doce, pelo que existem dados suficientes acumulados para comparação. No entanto, existem alguns conceitos que são monitorizados globalmente e, por esta razão, é necessário medir constantemente estes parâmetros, tais como a chuva ácida, os gases com efeito de estufa e outros que podem afetar o aquecimento global.

Biológico

Na monitorização ambiental, a estratégia e os esforços de monitorização dirigidos às plantas e animais no ambiente são objeto de investigação e monitorização específicas. No entanto, na monitorização ambiental mais geral, muitos organismos vivos são um forte indicador da qualidade ambiental, como o salmão ou a truta, que são sensíveis à chuva ácida.

Microbiológico

As bactérias e os vírus são os grupos de organismos microbiológicos mais frequentemente observados e quando o meio aquático observado é uma fonte de água potável ou é utilizado para fins domésticos e desportivos.

Os organismos patogénicos são também de extrema importância para a monitorização ambiental, para determinar os processos que ocorrem no ambiente aquático, por exemplo, *Escherichia coli* e *bactérias coliformes.* Determinando a quantidade de *bactérias coliformes* nocivas contidas em 1 litro de água que se desenvolve em efluentes de esgotos, pode concluir-se qual a quantidade de bactérias ou vírus patogénicos no ambiente.

Populações

A monitorização das populações deve ser feita com precaução para não dar origem a respostas enganadoras quando se trata do recenseamento de espécies ou da presença ou ausência de uma determinada espécie ou quando não tem qualquer relação com a dimensão da população. É extremamente importante monitorizar a dinâmica da população de organismos. É importante determinar corretamente a área de distribuição da população a monitorizar.

Programas de monitorização

A monitorização ambiental de base científica deve ser efectuada de acordo com um programa publicado. O programa inclui uma descrição das metas e objectivos, organização, cumprimento de estratégias específicas, que contribuem para a realização dos objectivos de monitorização. No entanto, a principal caraterística do programa é enumerar o que será exatamente observado e em que esquema e ordem isso acontecerá. Como anexos, são anexadas tabelas de dados a recolher, mapas de localização do local, informações gerais, métodos de amostragem e medição e monitorização. Software a ser utilizado, etc.

V. Métodos de amostragem

Existe uma vasta gama de métodos de amostragem que dependem do meio, do material a testar e da análise subsequente a aplicar à amostra. As amostras podem ser recolhidas do ar, do solo, da água, de organismos vivos, de rochas, etc.

Recolha de amostras por amostragem direta - (agarrar)

As amostras de amostragem são amostras colhidas de material homogéneo, geralmente água num único recipiente. Encher uma garrafa limpa com água do rio é uma das amostras mais comuns e mais frequentemente recolhidas. Este tipo de amostra fornece informações muito boas sobre a qualidade do meio durante o ensaio. Mas sem uma monitorização adicional (antecedente ou subsequente), a informação não pode ser extrapolada e interpolada para outra altura ou para outra parte do rio. A amostra deve ser conhecida exatamente onde foi colhida, a que hora, a que tempo meteorológico. Nos grandes rios, as amostras são recolhidas em diferentes pontos do rio, por exemplo, ao longo de um perfil das partes costeiras e da parte central, as amostras são recolhidas a diferentes profundidades.

Nos lagos, as amostras são recolhidas a diferentes profundidades e a um certo intervalo ao longo da linha costeira. Nos lagos, existem grandes diferenças nas características químicas da água a diferentes profundidades, especialmente no verão. A camada superficial é quente e rica em oxigénio e as camadas mais profundas são pobres em oxigénio e frias.

Nos mares, um vasto leque de parâmetros básicos, como a salinidade e a concentração de iões e catiões, pode ser determinado por este tipo de amostras de armadilhas. No entanto, quando existe atividade vulcânica, fusão de gelo ou fluxo fluvial nas proximidades, este tipo de amostragem só nos pode dar informações parciais.

Monitorização contínua ou semi-contínua

Existem muitos tipos de equipamento especializado de monitorização ambiental para intervalos prolongados que estão programados para recolher amostras em intervalos de tempo específicos. Estes dispositivos podem ser ajustados para diferentes objectivos. Por exemplo, efetuar uma medição num determinado intervalo e recolher uma amostra noutro intervalo de tempo. Estes dispositivos controlam normalmente os parâmetros básicos da água, como a acidez (pH), o oxigénio dissolvido, a condutividade eléctrica, a turvação e a cor, mas também podem aplicar a cromatografia gás-líquido com espetrometria de massa para determinar os poluentes orgânicos. Para o funcionamento destes dispositivos, são frequentemente utilizadas bombas para bombear água.

Monitorização remota

Embora a recolha de dados no local utilizando dispositivos electrónicos seja uma prática muito comum, muitos programas de monitorização utilizam a deteção remota e a recolha remota de dados em tempo real. Para tal, é necessário que o equipamento de monitorização colocado no local de monitorização esteja ligado à estação de base. Estes aparelhos podem ser, por exemplo, câmaras que podem ser camufladas. Assim, é possível observar populações e espécies, controlar florestas, por exemplo, etc.

Medições à distância

A deteção remota ambiental utiliza aeronaves ou satélites para monitorizar, medir e recolher dados ambientais através de sensores multicanais. Existem dois tipos de medições remotas. Sensores passivos que detectam a radiação natural que é emitida ou reflectida pelos objectos que nos rodeiam. A luz solar reflectida é também uma das fontes comuns de radiação que são medidas por sensores remotos passivos. Os sensores medem ondas de diferentes comprimentos, por exemplo, do infravermelho ao ultravioleta. A informação obtida é muito valiosa e de grande aplicação para processamento e requer uma informatização séria. Assim, pode detetar cortes florestais ou poluição por petróleo. Este tipo de métodos de deteção remota permite aceder a informações que escapam ao olho humano. Por exemplo, as alterações do teor de clorofila nas plantas são captadas e, por conseguinte, é possível deduzir a concentração da vegetação e a alteração dos regimes alimentares resultantes de alterações climáticas, etc.

As medições remotas activas emitem energia e utilizam sensores passivos para detetar e medir a informação relevante reflectida pelos objectos. Este tipo de medição é utilizado, por exemplo, para determinar a topografia de áreas e especialmente onde a medição manual é dispendiosa e extremamente difícil.

Os métodos de monitorização à distância permitem a recolha de dados em locais perigosos e inacessíveis. Por exemplo, os pólos, as altas montanhas, o mar e o fundo dos oceanos. São adequados para a recolha de dados sobre o aquecimento global e questões ambientais com impacto global, como o derretimento dos glaciares e a limpeza das florestas tropicais ao longo do rio Amazonas.

Bio-monitorização

A utilização de organismos vivos como instrumento de monitorização tem muitas vantagens. Os organismos que vivem num ambiente estão continuamente sujeitos aos efeitos químicos, físicos e biológicos do ambiente. Os organismos acumulam em si próprios substâncias químicas provenientes do ambiente, por vezes em grandes quantidades, embora no ambiente estas se encontrem em pequenas quantidades. Por exemplo, os musgos concentram grandes quantidades de metais pesados, mesmo quando no ambiente se encontram em pequenas concentrações. A enguia é utilizada para estudar os produtos químicos orgânicos halogenados que se acumulam nas suas gorduras.

Outros métodos de ensaio

A amostragem ambiental requer um planeamento cuidadoso para ser representativa e ter o menor impacto ambiental possível. Por exemplo, quando se trata de áreas de prado, uma amostra de 1 m2 de solo para determinar as incubadoras nele existentes. Quando se recolhem sedimentos e solos, são também utilizadas diferentes técnicas e instrumentos para recolher amostras de um determinado volume.

Interpretação dos dados de monitorização ambiental

A interpretação dos dados recolhidos por um programa de monitorização bem organizado é um tema extenso e complexo e pode ser apresentado em várias publicações para não perder o produto monitor.

Infelizmente, alguns cientistas abusam da interpretação dos dados para demonstrar alguns dos seus pontos de vista. Isto é bem visível nos debates sobre o aquecimento global. Por exemplo, as afirmações sobre a quantidade de CO_2 que aumentou nos últimos anos.

Índices de qualidade ambiental

Desde o início da monitorização ambiental de base científica, foram identificados vários índices de qualidade ambiental para ajudar a classificar e clarificar a importância dos dados de monitorização ambiental recolhidos. Por exemplo, se um rio for da classe B, significa que a quantidade de oxigénio dissolvido é de 85%.

O ar como fator ambiental

1. Os elementos mais importantes para a vida dos organismos são o oxigénio e o dióxido de carbono.
2. O oxigénio livre na atmosfera é a base da manutenção da vida. Provém das plantas verdes como produto da sua atividade vital, assegurando o curso dos processos oxidativos. O seu elevado teor na camada terrestre da atmosfera conduziu a um aumento do nível e da eficiência dos processos metabólicos nos organismos terrestres e ao aparecimento de animais homotérmicos.
3. Devido à sua grande concentração no ar, o oxigénio não é um fator limitativo ou limitante.
4. O dióxido de carbono é continuamente libertado para a atmosfera como produto final dos processos de respiração, decomposição e combustão. É absorvido por organismos fotossintéticos que o transformam em hidratos de carbono, compostos orgânicos - ricos em energia. A partir deles são construídas todas as outras substâncias orgânicas necessárias aos organismos - proteínas, lípidos, ácidos nucleicos.

Equilíbrio do oxigénio

1. A quantidade de oxigénio e de dióxido de carbono na atmosfera deveria ser imutável devido à existência de um equilíbrio entre fontes e consumidores.
2. Devido a vários factores antropogénicos - indústria, transportes, desflorestação, destruição da vegetação, o equilíbrio do oxigénio em

algumas zonas do planeta é

seriamente perturbado.

3. O aumento do teor de dióxido de carbono é uma das principais razões, entre outros poluentes atmosféricos, para o aparecimento do chamado "efeito de estufa". "efeito de estufa".
4. Estas alterações colocam à humanidade o problema extremamente importante de estabilizar a composição gasosa da atmosfera.

Papel do azoto e do ozono

1. O azoto é o mais abundante na atmosfera, mas é o que tem menos importância direta.
2. Com exceção de algumas algas azuis-verdes e das bactérias fixadoras de azoto, para todos os outros organismos, o azoto é um meio inerte de importância ecológica secundária.
3. O azoto é o elemento biogénico mais importante envolvido na formação das estruturas proteicas dos organismos.
4. Um elemento importante da camada superior da atmosfera é o ozono. O ozono desempenha um papel de proteção em relação à parte ultravioleta do espetro solar, que é prejudicial a todos os organismos.

Propriedades físicas do ar e sua importância para os organismos

1. O ar tem uma densidade reduzida, pelo que todos os organismos que habitam o ambiente terrestre devem ter o seu próprio sistema de suporte.
2. *A pressão atmosférica* é relativamente baixa devido à baixa densidade do ar - cerca de 101,3 kPa. Com o aumento da altitude, a pressão atmosférica diminui. Esta é uma das razões para a distribuição limitada de algumas espécies de organismos nas zonas altas das montanhas.
3. *O movimento das massas de ar* - os ventos - tem um significado ecológico para os organismos que habitam zonas com ventos frequentes e fortes: costas marítimas e oceânicas, desertos, altas montanhas e planícies abertas.
4. O vento intensifica a evaporação do corpo e a sua temperatura baixa. As plantas que habitam locais ventosos têm dispositivos bem desenvolvidos para reduzir a evaporação.

VI. A água como fator ambiental

1. A água e a temperatura são os factores ambientais mais importantes em terra.

2. A água é um fator ambiental importante, um componente essencial do corpo. De 40 a 98% (em algumas algas) das células podem ser água.

3. Nos organismos terrestres, onde as perdas de água são maiores, é indispensável.

4. A humidade do ambiente pode ser um fator limitativo em termos de

desenvolvimento e distribuição da espécie.

5. A importância da água para os organismos é determinada pela sua participação em muitos processos vitais - transporte, dissolução e metabolismo.

6. As plantas são muito sensíveis à humidade, não são móveis, pelo que estão bastante dependentes do regime hídrico.

Humidade do ar ambiente

Deficiência de humidade ou de saturação

1. A cada temperatura específica corresponde um certo limite de saturação, que é chamado de máximo.

2. A diferença entre a saturação máxima e a saturação específica do ar com vapor de água é designada por défice de humidade ou falta de saturação.

$$d = Ps - P,$$

em que *d - representa o défice de saturação de vapor de água do ar;*

Ps - humidade máxima;

P - humidade absoluta a uma determinada temperatura.

1. A maior importância para os organismos é o défice de humidade. Determina o poder de evaporação do ar.

Regime hídrico do ambiente terrestre

1. A humidade do ar é um fator importante na formação do ecoclima, bem

como na escolha do habitat de diferentes animais e na distribuição de diferentes tipos de vegetação.

2. Por exemplo, as florestas tropicais são muito sensíveis à humidade e não se desenvolvem onde a precipitação é inferior a 2000 mm.
3. O regime hídrico determina uma certa periodicidade e dinâmica sazonal de vários processos da vida, bem como a alteração da sua intensidade.
4. Por exemplo, em condições de clima seco, muitas plantas desenvolveram fases de desenvolvimento sazonal. Isto é especialmente típico das *plantas efémeras* (plantas anuais, com um ciclo de vida curto, que se desenvolvem geralmente em condições de humidificação favoráveis na primavera e no outono), que se distribuem em zonas áridas e semiáridas de seca (desertos, semidesertos e estepes).

Classificação ecológica dos organismos terrestres versus o regime aquático do meio

1. Os organismos dividem-se em dois grupos principais, consoante as suas necessidades em termos de humidade do ambiente:
    1. *euryhidrobiótico* - adaptado a viver em grandes flutuações do regime hídrico;
    2. *Estenohidrobiontes* - requerem uma certa humidade do ambiente.

Grupos ecológicos de plantas para o fator ecológico água na terra

1. De acordo com a sua adaptação, distinguem-se os seguintes grupos de plantas:
    1. *Higrófitas* - plantas que habitam em condições de elevada humidade do ar e do solo (plantas tropicais).
    2. *Mesófitas* - plantas adaptadas à vida em habitats húmidos, com regime de calor moderado e substâncias minerais suficientes. Não toleram secas longas nem severas.
    3. *Xerófitas* - distribuídas em locais com humidade insuficiente. Regulam bem a sua troca de água - têm dispositivos para obter água e limitar a evaporação. Encontram-se em desertos, regiões subtropicais e tropicais.

1. Em função dos seus dispositivos morfológicos, as xerófitas dividem-se em *suculentas* e *euxerófitas*.

1. As suculentas são plantas com tecido parenquimatoso muito desenvolvido, no qual acumulam reservas de água. As suas folhas têm uma cutícula densa, coberta por uma camada de cera e um pequeno número de estomas (cactos, serralha).
2. As euxerófitas não têm dispositivos para acumular água e limitar a evaporação, mas têm um sistema radicular muito desenvolvido. Têm folhas pequenas, que caem durante a estação seca, com cutícula espessa, revestimento de cera e pêlos grossos. Habitam os desertos, os semi-desertos e as estepes.

Grupos ambientais de animais para o fator ecológico água na terra

1.   No que respeita ao regime hídrico do meio, os animais dividem-se em:
   1. *Higrófilos* - vivem e funcionam normalmente em condições de humidade elevada. Não possuem mecanismos de regulação das trocas de água. Em condições de humidade reduzida, entram numa fase inativa ou migram. A cobertura do seu corpo é altamente permeável e podem retirar água do ambiente com

   todo o seu corpo.
   2. *Mesófilos* - vivem em condições de humidade moderada. Toleram bem as flutuações de humidade, razão pela qual são muito comuns.
   3. *Xerófilos* - Toleram o ar seco com temperaturas elevadas. Habitam os desertos, as estepes secas e as dunas (camelos, roedores do deserto, répteis, insectos, etc.). Os seus dispositivos têm como objetivo limitar a excreção de água do corpo.

VII. O solo como fator ecológico

Solo

1. O solo é o invólucro solto mais superficial da Terra, designado por *pedosfera* ou *edafosfera*. É o produto da interação dinâmica entre a superfície superior da litosfera, os factores climáticos e o mundo organísmico.
2. A temperatura relativamente constante, as reservas de humidade, a presença de matéria orgânica e mineral determinam a grande abundância de organismos no solo. Nenhum ambiente é povoado por microrganismos como o solo.

3. A importância ecológica do solo e dos seus factores abióticos é determinada pelo facto de ser um ambiente de habitat para muitos organismos do solo e um substrato no qual as espécies terrestres passam a maior parte das suas vidas.

Litosfera

1. A litosfera (geosfera) é a parte "sólida" da Terra. É constituída por duas partes:
-Casque;
-Mantle.

2. A crosta terrestre é a camada mais externa. A sua espessura varia entre 5 e 70 quilómetros.
3. A crosta terrestre inclui rochas, minerais e solo.
4. Existem dois tipos de crosta terrestre:
- Continental;
- Oceânico.

Formação do solo

1. Demasiadas vezes, qualquer camada superficial solta de terra é considerada solo. O solo é um corpo natural com uma estrutura complexa e propriedades especiais.
2. *Chamamos solo à camada solta superficial da massa terrestre, que é formada pela influência dos organismos, do clima e do relevo sobre a rocha formadora do solo e que tem a propriedade da fertilidade.*
3. Os solos são formados como resultado de dois processos simultâneos:
- *Moinhos de vento e*
- *formação do solo.*
4. Até à fixação de organismos vivos na rocha, apenas se verificam processos de meteorização.

Formação de solos primitivos

1. O processo de formação do solo é um conjunto de fenómenos de movimento e transformação de substâncias e energia na camada superior da crosta sinuosa.

2. Até ao aparecimento de plantas verdes superiores, em resultado da atividade de microrganismos e outros organismos inferiores, ocorre o chamado processo primário de formação do solo.
3. Desta forma, formam-se os solos primitivos (pouco profundos).
4. Os solos primitivos são facilmente erodidos pelas águas de escoamento.

Com o desenvolvimento de plantas superiores em solos primitivos, os nutrientes passam para o pequeno ciclo biológico das substâncias.

1. Trata-se de um processo cíclico de conversão e circulação de nutrientes entre a rocha ou o solo que o forma e os organismos vegetais e animais que o habitam.
2. A pequena ciclagem biológica de substâncias assegura um desenvolvimento duradouro das plantas superiores na casca da meteorização.
3. É responsável pela acumulação de nutrientes na camada do solo habitada pelas raízes e pela sua conservação prolongada e, neste contexto, pelo desenvolvimento da fertilidade do solo.

Papel do pequeno ciclo biológico

1. A sua manifestação resume-se a:
- extração de nutrientes do material rochoso ou do solo;
- incorporação de nutrientes na composição de compostos orgânicos complexos na síntese de biomassa;
- devolução destes compostos ao solo em formação com a queda orgânica anual;
2. O pequeno ciclo biológico tem lugar no contexto do grande ciclo geológico. Como resultado do seu curso, a transformação e acumulação de nutrientes e substâncias orgânicas na camada superficial do

A partir de uma rocha desgastada, um corpo natural - o solo - é gradualmente construído.

Processo real de formação do solo

1. Com o aparecimento de plantas verdes superiores na rocha formadora de solo, o processo primário de formação de solo passa a ser um processo real.
2. A propagação de plantas verdes mais altas com um sistema radicular

altamente desenvolvido é muito importante para o desenvolvimento do processo de formação do solo.

3. Contribuem para a acumulação de substâncias húmicas e para a migração biológica de substâncias minerais - por exemplo, a quatro metros de profundidade do sistema radicular, são extraídos cerca de 75 elementos - azoto, potássio, cálcio, fósforo, enxofre e outros.

Horizontes genéticos do solo

1. A energia solar, que actua de forma rítmica na superfície do solo, as alterações alternadas do clima durante a mudança periódica das estações anuais e os ciclos biológicos das plantas determinam a ciclicidade do processo de formação do solo.
2. A manifestação cíclica do processo de formação do solo é a causa da formação de camadas, que são chamadas de *horizontes genéticos do solo.*
3. Os horizontes do solo diferem em cor, densidade, estrutura e outros sinais morfológicos.
4. O sistema de informação de vários horizontes é designado por *perfil do solo.*
5. A estrutura do solo pode ser vista numa incisão adequada do solo. A incisão revela a camada de solo em toda a sua profundidade, que vai de 1 a 3 metros. Na parte da frente, se estiver bem actualizada, são visíveis desenhos em camadas de cores diferentes. Estas camadas são designadas por *horizontes.*

Factores de formação do solo

1. As condições em que os solos surgem e se formam são designadas por *factores de formação do solo.*
2. A relação funcional entre o solo e os factores ecológicos que determinam o seu desenvolvimento e formação é expressa em função de:

S = (C, L, M, R). T

1.   Onde:
    2.   S - é o solo;
    3.   C - o clima;
    4.   L - organismos vivos;

5.	M - minerais e rochas;
6.	R- o alívio;
7.	T - tempo ou idade.

O clima como fator do processo de formação do solo

1. O clima é o principal fator que determina a velocidade do processo de formação do solo.
2. Tem uma influência ativa sobre os outros factores de formação do solo.
3. As condições climáticas de cada zona geográfica são determinadas pelo grau de radiação solar e pela natureza dos outros elementos do clima.
4. A temperatura do ar e a quantidade de precipitação são de extrema importância, pois determinam *o regime hidrotérmico do solo.*

Clima do solo - importância da temperatura para o processo de formação do solo

1. Cada solo tem um clima de solo caraterístico, ao qual estão associados processos e fenómenos bioquímicos e outros.
2. A combinação de certos grupos de vegetação e de solos em cada zona climática determina *as zonas edafo-climáticas.*
3. Caracterizam-se por uma soma diferente de temperaturas médias diurnas, que são superiores a 10°C durante a estação de crescimento.
4. Este valor é inferior a 600 °C para climas frios e superior a 8000 °C para climas tropicais.
5. Nas regiões húmidas e quentes, a meteorização das rochas e a mineralização da matéria orgânica ocorrem muito rapidamente. Em condições de clima moderadamente frio, a matéria orgânica decompõe-se lentamente e acumula-se.

Clima do solo - importância da humidade para o processo de formação do solo

1. A humidade é essencial para o processo de formação do solo.
2. Na presença de humidade suficiente, a vegetação desenvolve-se de forma exuberante e uma grande quantidade de resíduos orgânicos acumula-se no solo. Isto leva à formação de solos férteis, como as terras pretas e os solos castanhos das florestas. Com a falta de humidade, desenvolvem-se solos pobres em húmus.

3. Do coeficiente de humidificação, dependa:
- o regime hídrico do solo;
- oxidação e redução;
- o grau de meteorização e de lixiviação em diferentes condições térmicas.

O relevo como fator do processo de formação do solo

1. O conjunto dos desmembramentos verticais e horizontais da superfície terrestre é designado por *relevo*.
2. Os principais elementos do relevo são as cristas das montanhas, as encostas e os vales.
3. O carácter do relevo é essencial para o desenvolvimento dos solos:
    - Ascendente
    - Neutro
    - A descer.
4. O relevo neutro e descendente determina a formação de solos aluviais profundos.
5. O relevo da zona redistribui a energia e as substâncias que entram na superfície do solo.

Principais grupos de formas de relevo

1. Distinguem-se os seguintes grupos principais *de formas de relevo*:
    1. *Macro-relevo* - é a totalidade das maiores formas da superfície terrestre num determinado território. Ocorre principalmente como resultado de movimentos tectónicos na crosta terrestre. Inclui planícies, montanhas, planaltos e zonas montanhosas. O movimento das massas de ar e as particularidades do clima formam-se sob a influência do macrorrelevo.
    2. *Mesorelief* - são as formas terrestres de tamanho médio - colinas, vales, ravinas, secções planas, declives, terraços. Estas formas são partes constituintes do macrolifo. O meso-relevo redistribui a precipitação na superfície terrestre. O desenvolvimento dos processos de erosão dos solos depende em grande parte do mesorrelevo.
    3. *Microrrelevo* - reflecte a diversidade das mais pequenas irregularidades da superfície terrestre - pequenas trincheiras, depressões, poços, sulcos, estacas, formigueiros, etc. De 0,5 a 1 m de excesso de altitude, com uma área de 1 a centenas de metros quadrados. Afecta a redistribuição da humidade.

Formação de diferentes tipos de solos em função do relevo

Eluvium, Deluvius, Aluvius

1. O elúvio tem uma ligação estreita com a escala primária e passa gradualmente para ela.
2. As rochas formadoras de solos eluviais são aquelas cujos produtos de meteorização permanecem no local da sua formação.

3. Os deluviões são formados pelos produtos da meteorização, quando são removidos com o escoamento superficial das águas pluviais das partes superiores das suas vertentes e a sua redeposição mais abaixo nas mesmas vertentes ou nas planícies abaixo delas. *solos de trânsito.*
4. O aluvião é formado pela sedimentação e estratificação de materiais nadados e arrastados em derrames de rios e cursos de água. Apresenta uma estrutura estratificada bem definida, com camadas superficiais mais argilosas.

Composição mecânica e estrutura do solo

1. A estrutura depende da quantidade de areia, silte (lama) e argila no solo.
2. O tamanho das partículas e a sua distribuição determinam a estrutura do solo.

Importância ecológica do pH do solo

A composição química do solo como fator ecológico.

Grupos ecológicos de organismos do solo.

VIII. O solo como um ambiente vivo

1. O solo é a camada superficial mais elevada da crosta terrestre, que tem a propriedade da fertilidade.
2. Um sistema complexo que é povoado por enormes quantidades de microrganismos que estão ativamente envolvidos em todos os processos relacionados com o ciclo de substâncias na natureza.
3. A microflora do solo inclui uma variedade de espécies de bactérias, actinomicetas, fungos, algas e protozoários.
4. Desenvolvendo-se nele, realizam uma série de processos microbiológicos

que são importantes para a mineralização de substâncias orgânicas na natureza e determinam a fertilidade do solo, afectando também os processos de formação do solo.

Composição e propriedades do solo

1. As principais propriedades físicas e químicas do solo são de extrema importância ecológica - o que significa que o solo é um solo de grande qualidade.
   1. *composição mecânica,*
   2. *estrutura*
   3. *Quimismo,*
   4. *acidez*
   5. *Temperatura*

   6. *regime da água e do ar.*

Composição do solo

1. O solo é constituído por:
   1. Sólidos
   2. solução do solo e
   3. ar do solo.
   4. As partículas sólidas contêm:
   5. substâncias inorgânicas (areia, argila, sais minerais) e
   6. húmus.

Argila - um reservatório de sais minerais

1. Os solos bem húmidos são mais argilosos, especialmente em climas quentes.
2. Devido às suas características eléctricas, a argila é um importante reservatório de sais minerais.
3. A superfície das partículas microscópicas de argila é carregada negativamente e é capaz de adsorver muitos iões do solo carregados positivamente (de Ca, Mg, K, Zn, Cu, etc.).
4. A argila é frequentemente capaz de reter estes nutrientes apesar do efeito de lavagem da água que penetra no solo.

5. Os iões positivos podem ser substituídos por H+ do sistema radicular das plantas e digeridos, o que torna a argila um componente indispensável dos solos.

Absorção de elementos vestigiais de partículas de argila pelo sistema radicular

Rolo de húmus

1. O húmus desempenha um papel importante na manutenção da estrutura do solo e da sua fertilidade.
2. O húmus determina as propriedades químicas do solo.
3. O húmus é um produto de mineralização lenta que resulta da decomposição incompleta da biomassa morta, devido à atividade dos redutores...

Propriedades físicas do solo

1. As propriedades mais importantes do solo são:
    o regime *hidrotermal* e
    o *regime de* aerofilicidade.
2. A permeabilidade do solo à água e ao ar é *uma propriedade física.* É largamente determinada pela estrutura do solo, que depende da forma e das dimensões das partículas sólidas.

3. A saturação do solo com ar é também uma propriedade física do solo. O arejamento depende da estrutura do solo, da humidade e da temperatura.

Propriedades químicas do solo

1. *As propriedades químicas* do solo são determinadas pelo teor de húmus e pela acidez do meio.
2. A reação ácido-base do solo é um fator abiótico importante que afecta diretamente os organismos.
3. De acordo com as suas reacções, os solos são:
    1. *Ácido*
    2. *alcalino e*
    3. *neutro.*

Acidez pH da solução do solo

1. A acidez da solução do solo depende do teor de hidrogénio e de iões Al^3+ no complexo de absorção do solo.
2. O pH dos solos varia de 3 a 11 e é determinado por:
    1. As propriedades da rocha formadora do solo (granito, calcário, etc.);
    2. As propriedades das águas subterrâneas (teor de Ca^2+);
    1.Condições climáticas - em climas frios e húmidos, a decomposição da matéria orgânica leva à formação de ácidos orgânicos e à podzolização dos solos;
    2. Vegetação:
        - nas florestas de coníferas é, em média, de cerca de 5;
        - nos pântanos de esfagno - cerca de 4 - 5;
        - nas florestas de folha caduca - cerca de 6-7;
        - sob vegetação desértica - cerca de 9.
    3.A vegetação leva à ocorrência de um ou outro pH na solução do solo.

Influência da acidez do solo nas culturas agrícolas

Em função da sua reação, os solos são considerados ácidos quando o pH é inferior a 7, neutros quando o pH é 7 e alcalinos quando o pH é superior a 7. De acordo com o mesmo indicador, os solos podem ser distribuídos mais pormenorizadamente nos seguintes grupos

fortemente ácida com um pH inferior a 5;
ácido a pH 5-6;

fracamente ácido a pH 6-7;
neutro a pH 7;
ligeiramente alcalino, com pH 7-7,5;
ligeiramente alcalino a pH 7,5-8;
alcalino com pH superior a 8.

As plantas frutíferas desenvolvem-se bem em solos cuja reação ao pH varia entre 5,5 e 7,5, com a maioria das espécies frutíferas a desenvolverem-se melhor em solos com uma reação ligeiramente ácida (pH 6 a 6,5) e, em segundo lugar, em solos com uma reação neutra (pH 6,6 a 7). As framboesas e os morangos desenvolvem-se bem em solos com uma reação mais ácida (pH 5 a 6). As culturas frutícolas também toleram uma reação ligeiramente alcalina (pH 7 a 7,4), mas com uma reação ligeiramente alcalina (pH 7,4 a 8) e especialmente com um pH de reação alcalina superior a 8 sofrem de clorose.

Em geral, as árvores de fruto desenvolvem-se bem num solo de reação ligeiramente ácida ou neutra (pH 6 a 7). Como já foi referido, os morangos e as framboesas também se desenvolvem bem em solos com uma acidez significativa (pH 5 a 6).

Com o aumento da acidez do solo, os carbonatos de cálcio dissolvem-se e lavam-se, o que resulta na destruição da estrutura do solo e na deterioração das suas propriedades físicas. As condições tornam-se desfavoráveis para o crescimento das raízes. A um pH inferior a 5, verificou-se, por exemplo, uma redução significativa do número de pequenas raízes na macieira. Sabe-se também que os solos ácidos são desfavoráveis à atividade das bactérias nitrificantes aeróbias benéficas. As bactérias fixadoras de azoto no solo não se desenvolvem a um pH 4,5-5.

A monitorização ambiental de diferentes tipos de solo mostra a seguinte acidez estabelecida em diferentes tipos de solo:

1. Chernossolos lixiviadosO estado deste grupo de solos agrícolas é estimado com base em 2 pontos. A periodicidade da amostragem é de quatro anos. A reação do solo medida é ligeiramente ácida na zona arável e ligeiramente ácida a neutra nos horisontes subordinados. De acordo com V3% - nestes dois pontos, os solos têm uma elevada capacidade de amortecimento e não têm acidez prejudicial.

2. Chernossolos florestais e solos florestais cinzento-escurosA avaliação é efectuada com base em 8 pontos. A periodicidade da amostragem é de quatro anos. Confirmando as expectativas, observam-se nos oito pontos valores V3 que excedem significativamente o limite inferior para a presença de acidificação nociva. De acordo com os valores de pH, os solos destes pontos podem ser classificados como médios e ligeiramente ácidos a neutros.

3. Solos florestais lesivados, cinzento-acastanhados. Este grupo de solos ácidos caracteriza-se por uma elevada capacidade tampão, um elevado grau de saturação de PPC com Mg e Ca e uma composição mecânica areno-argilosa pesada. O estado deste grupo de solos agrícolas é avaliado com base em 12 pontos. A periodicidade da amostragem é de dois anos. As análises dos resultados da amostragem indicativa

realizada em 1997 para a seleção de um ponto de controlo mostram que em 25% dos pontos estudados aparece uma acidez nociva fraca a média. No restante - V3 é medido na faixa de 93,6 a 99,6, ou seja, há um alto grau de saturação com bases e a ausência de acidificação prejudicial. A reação do solo varia da seguinte forma: para o horizonte bolota - prevalece uma reação fortemente ácida - 43% e medianamente ácida - 35%. Para o mandril - predomina a reação fortemente ácida - 36%, ligeiramente ácida - 20%, e 13% para muito fortemente ácida e medianamente ácida.

4. *Solos pseudopodzólicos cinzentos clarosO estado destes solos é avaliado com base em 6 pontos. A amostragem é anual.* A análise dos resultados mostra que em 50% dos pontos não há acidificação prejudicial. Nos restantes, no entanto, registam-se valores baixos de V3 (no intervalo 74-83), o que indica uma baixa capacidade tampão do solo e um processo desenvolvido de acidificação nociva de grau médio e forte. O pH do solo varia entre 4,01-4,9. De acordo com este indicador, 50% dos solos destes pontos qualificam-se como medianamente e 50% como fortemente oxigenados.

5. *Solos de floresta de canelaA monitorização é efectuada em solos de floresta de canela típicos, lixiviados e florestados - um total de 18 pontos. Periodicidade da amostragem - 4 anos para os solos típicos e 2 anos para os solos florestais.* Em 100% dos solos típicos e lixiviados da floresta de canela estudados não foi detectada qualquer acidificação prejudicial. Para os florestais - em 44% dos pontos há um grau médio de acidificação prejudicial. Relativamente ao pH, os solos dos pontos observados podem ser classificados numa gama muito ampla, de muito ácidos a ligeiramente alcalinos e alcalinos. 22% dos solos típicos estão muito fortemente acidificados, o mesmo acontecendo com os solos florestais de canela lixiviados. 22% dos solos típicos e 66% dos solos lixiviados apresentam um grau de acidificação muito forte. Para o intoxicado médio, esta percentagem é de 45 para os solos típicos e de 12 para os solos lixiviados da floresta de canela. Num dos pontos estudados, foi registado o pH caraterístico de um solo ligeiramente alcalino.

6. *Solos pseudopodzólicos de canelaSão solos com acidez acentuada, baixa capacidade de tamponamento, fraca capacidade de sorção e composição mecânica areno-argilosa ligeira.* O controlo é efectuado

com base em 5 pontos com uma periodicidade de medição de 1 ano. Em todos os pontos foi detectada uma reação altamente ácida do solo. Não foi ainda observado qualquer grau de acidificação prejudicial, provavelmente devido à ação neutralizadora dos iões magnésio e cálcio.

7. *Solos de floresta castanha, prados de montanha e florestas de montanhaO estado dos solos deste grupo de agrossolos é avaliado com base em 5 pontos. A amostragem é anual.* O pH do solo é medido entre 3,9 e 4,8 (muito ácido, muito ácido, muito ácido e medianamente ácido). Para 3 dos pontos (ou seja, para 60% deles) foram calculados valores V3 inferiores a 93, ou seja, com um grau pronunciado de acidificação prejudicial.

8. *Solos aluviais, de prados aluviais e deluviais (sem carbonatos)* O controlo é efectuado em 13 pontos. A amostragem é efectuada anualmente. Os resultados dos cálculos de V3% mostram que em 23% dos pontos existe uma acidificação dos solos nociva para as plantas. Os restantes pontos apresentam uma elevada capacidade de tamponamento contra a ação acidificante dos iões hidrogénio, alumínio e manganês. O pH do solo é muito amplo e inclui toda a diversidade de qualificação, caracterizando a resposta do solo. 23% dos pontos estudados são caracterizados por um pH fracamente alcalino e alcalino, o que sugere uma resistência à acidificação por um período de tempo futuro prolongado.

O intervalo do valor numérico da acidez ativa do solo (pH) em que as plantas se podem desenvolver normalmente e dar rendimentos elevados é diferente para cada espécie. Para as culturas arvenses mais importantes, os valores de pH abaixo indicados são considerados como limites óptimos:

a pH 5,5-6,5 - batatas, linho;
a pH 5,5-7 - centeio, aveia, painço;
a pH 6-7 - milho, girassol;
a pH 6-7,5 - cevada, trevo vermelho;
a pH 6,5-7,5 - algodão, cânhamo, trigo, beterraba sacarina;
a pH 6,5-8 - luzerna.

Os intervalos favoráveis de valores de pH em que as culturas hortícolas se desenvolvem bem são os seguintes

a pH 4,5-5 - batatas, tomates, melão, nabos;

a pH 5-6 - couve, couve-rábano, bruqua, beterraba, rabanete, melancia, ervilha;

a pH 6-7 - pepinos, cebolas, cenouras, espinafres, saladas, feijões.

Solos salgados Solonchaks e Solonets

1. De particular interesse são os solos salinos que, em percentagem do total cobertura do solo, são poucos.
2. Distinguem-se dois tipos de solos salinos:
    1. *Solos Solonchaci* - ricos em sais concentrados à superfície, provavelmente inundados periodicamente por água salgada.
    2. *Solos de Solontsi* - a superfície não é rica em sais, mas estes estão localizados em profundidade e são à custa da composição mineral do solo. São estes os solos que rodeiam os depósitos de sal-gema.

Influência dos factores bióticos nos regimes de solo

1. Os factores bióticos são determinados pelos organismos que os habitam.
2. Soltam o solo e enriquecem-no com ar.

Regime de temperatura do solo

1. A temperatura é um fator importante que tem um impacto significativo no desenvolvimento de microrganismos no seu interior.
2. Para além do fator geográfico, o regime térmico do solo depende da sua capacidade de absorção dos raios solares, da radiação térmica, da natureza da vegetação, etc.
3. Por conseguinte, sob as mesmas condições, os diferentes tipos de solo diferem nas suas propriedades térmicas.
4. Os microrganismos da mesofila desenvolvem-se principalmente no solo. Verificou-se que a uma temperatura de 15 ° C no solo os processos microbiológicos são interrompidos.

Grupos ecológicos organismos do solo

1. Para que os organismos do solo se desenvolvam, são necessários temperatura, ar e água adequados.

- As variações de temperatura são bruscas apenas na superfície do solo.
- O ar no solo penetra a partir da camada superficial, que faz fronteira com o ambiente aéreo. Com o aumento da profundidade, o teor de oxigénio diminui e o teor de dióxido de carbono aumenta.

2. Por estas razões, a maior diversidade de organismos encontra-se na camada superficial do solo.
3. A composição e a quantidade de sais dependem da natureza da rocha a partir da qual o solo foi formado.
    - Os solos ricos em cálcio são habitados por muitos moluscos.
    - Ao longo da costa, os solos estão salinizados e são habitados por plantas que suportam concentrações mais elevadas de sais.

Grupos ecológicos de plantas

1. De acordo com a ligação das plantas a um tipo diferente de acidez da solução do solo, distinguem-se os seguintes grupos de plantas
    1. *acidófilos* - ligados a solos ácidos;
    2. *neutrófilos* - preferem solos neutros;
    3. *Basífilos* - preferem solos alcalinos.

Agrupamento dos organismos do solo de acordo com a dieta

1. De acordo com a dieta, os organismos do solo são agrupados em
    Organismos *saprófitas* - verme da chuva, milípedes, carraça panzer, insectos sem primário;
    animais predadores - milípedes, carraças gama, aracnídeos, larvas de insectos; *fungos e bactérias saprófitas.*
2. Um grande número de vertebrados também vive no solo - musaranhos, toupeiras, cães cegos, texugos.
3. Os grandes mamíferos fazem refúgios no solo: raposa, ouriço-cacheiro, furão.
4. Os répteis e os anfíbios passam o inverno no solo, num estado inativo.

Grupos de organismos em função da sua fixação ao solo

1. Existem três principais:
    1. *Geobiontes* - passam todo o seu ciclo de vida no solo. É o caso dos

vermes da chuva e dos primordiais sem asas.

2. *Geófilos* - animais cuja parte do seu ciclo de vida passa necessariamente pelo solo, ou seja, fases distintas do seu desenvolvimento.

3. *Geoxeni* - visita o solo isoladamente, à procura de alimento, de refúgio. É o caso de vários insectos, roedores, etc.

Classificação versus participação animal no processo de formação do solo

1. Existe uma outra classificação que agrupa os animais em função da sua participação no processo de formação do solo e do seu tamanho:

1. *Microbiota* - inclui organismos do solo, algas, primeiros solos, fungos do solo. Participam na decomposição de vários restos de plantas e animais. Um elo importante no ciclo das substâncias;

2. *Mesobiota* - organismos do solo relativamente pequenos. Nemátodos do solo, carraças, pequenas larvas de insectos. Alimentam-se principalmente de bactérias. Entre eles há predadores e parasitas.

macrobiota - grandes insectos, vermes da chuva, grandes animais escavadores. Processam a matéria orgânica morta e tornam-na conveniente para a decomposição dos microrganismos.

Psammófitos e psammófilos

1. Um lugar especial entre os organismos é ocupado por aqueles que habitam as areias movediças (dunas). Nas areias desenvolvem-se grupos ecológicos específicos de plantas e animais:

1.*Psammófitas* - plantas com um poderoso sistema radicular que suportam temperaturas elevadas (as areias são aquecidas a 40°C), baixa humidade, pressão mecânica (periodicamente enterradas pela massa de areia). Muitas destas plantas são espécies protegidas.

2.*Psammófilos* - animais, as espécies são em menor número do que as plantas, porque são móveis e podem escolher condições de vida mais favoráveis.

XIX. O Sistema Nacional de Monitorização Ambiental

O Sistema Nacional de Monitorização Ambiental mantém bases de dados de informação a nível nacional e regional. O sistema, que é administrado pela Agência Executiva em todo o país, fornece informações atempadas e fiáveis sobre o estado dos elementos do ambiente e os factores que o influenciam, com base nas quais são preparadas análises, avaliações e previsões para a renovação das actividades de proteção e defesa do ambiente contra os efeitos nocivos.

Ar

Controlo de qualidade
O Sistema Nacional de Controlo da Qualidade do Ar Ambiente é composto por um total de 66 pontos de monitorização fixos, localizados em 37 povoações. Destes: 16 estações automáticas de controlo da qualidade do ar e 5 sistemas OPSIS (sistemas de monitorização). O sistema de controlo da qualidade do ar ambiente inclui ainda 6 estações automáticas móveis, que permitem efetuar medições em diferentes pontos do país.

Os principais indicadores medidos são: poeira total, dióxido de enxofre, dióxido de azoto, sulfureto de hidrogénio, aerossóis de chumbo, bem como ozono, dióxido de carbono, amoníaco, cloro, aerossóis de ácido sulfúrico, aerossóis de ácido clorídrico, fenol, aerossóis de arsénico e metais pesados. Todas as estações automáticas medem também dados meteorológicos - temperatura, velocidade e direção do vento, radiação solar, pressão atmosférica, humidade do ar. Em todo o sistema de controlo da qualidade, trabalha-se com métodos uniformes e unificados...

Controlo das emissões É efectuado um controlo anual obrigatório das emissões de substâncias nocivas de 150 grandes instalações industriais. O sistema do Ministério do Ambiente e da Água opera 4 estações automáticas móveis e 8 conjuntos móveis de analisadores para o controlo das emissões. São recolhidas e analisadas estatísticas sobre 2000 instalações industriais, bem como sobre todas as outras fontes de emissões, de acordo com a classificação da União Europeia. Os dados são obtidos junto do Instituto Nacional de Estatística.

Monitorização das águas de superfície. A Rede Nacional de Monitorização das Águas Superficiais é constituída por 250 pontos para amostragem manual e 3 estações automáticas nos rios Struma, Mesta e Maritsa, para monitorização e controlo em tempo real. Os pontos são categorizados funcionalmente, dependendo da sua localização na respectiva bacia hidrográfica, tais como 49 de fundo, 114 de referência, 22 de descarga, 12 de fronteira, 2 barragens, 8 lagos, 24 pontos marítimos. A taxa de amostragem é de 12 vezes por ano, ou seja, mensalmente para todos os pontos, exceto os de fundo, onde a amostragem é sazonal - 4 vezes por ano. As amostras são analisadas de acordo com um esquema específico e indicadores incluídos nos regulamentos actuais: Regulamento 7 sobre águas correntes e Regulamento 8 sobre águas marinhas costeiras.

Os principais indicadores quantitativos medidos são: temperatura, pH, oxigénio dissolvido, saturação de oxigénio, condutividade eléctrica, oxidação por permanganato, CBO (carência biológica de oxigénio), indicadores de azoto, fósforo, substâncias solúveis e insolúveis, CQO (carência química de oxigénio), floridos, sulfatos.

Os indicadores adicionais: materiais pesados, detergentes, cianetos felogénicos, produtos petrolíferos, pesticidas, hidrocarbonetos poliaromáticos são específicos de cada ponto e dependem da poluição antropogénica da região.

Monitorização biológica das águas de superfície:
Foi iniciado em 1992 para vales individuais. Até à data, foram analisados 1200 pontos, localizados uniformemente ao longo dos rios ao longo de cerca de 5-10 km. Na análise das amostras, foi utilizado um Índice Biótico (IB) para avaliar a qualidade das águas de superfície com uma escala de 5 pontos. O método foi introduzido com o apoio do programa PHARE e permite uma avaliação integral da poluição durante um longo período de tempo através da análise das comunidades de macroorganismos de fundo (macrozoobentos). A taxa de amostragem é de uma vez por ano, exceto nos pontos de fundo, que são amostrados de dois em dois anos. Esta rede de biomonitorização em grande escala é um complemento importante para a monitorização físico-química, tendo em conta os efeitos da poluição integral nos ecossistemas aquáticos.

Monitorização microbiológica das águas de superfície:
Até à data, foi introduzido em três regiões do país - Sófia, Stara Zagora e Smolyan. Os pontos coincidem totalmente com os pontos da rede de controlo físico-químico das águas superficiais e são amostrados com a mesma frequência. São analisados todos os indicadores microbiológicos previstos na Portaria n.º 7 (8.08.1986; Jornal Oficial n.º 96 de 12.12.1986) - número total

de microrganismos, coli total de tigre, formas de coli termorresistentes e agentes patogénicos.

Monitorização das águas subterrâneas
A rede abrange 234 pontos de observação com uma frequência de controlo de 2 a 12 vezes por ano e de acordo com os indicadores definidos pela BDS 2823 de 1983. "Água para consumo humano. É obrigatório um programa de controlo de base. Em função das especificidades dos pontos, alguns indicadores adicionais relacionados com as especificidades da respectiva região.

O programa básico de monitorização inclui: temperatura, pH, alcalinidade, oxidação de permanganato, condutividade eléctrica, redoxpotencial, dureza total, substâncias solúveis e insolúveis, iões principais - cálcio, magnésio, cloretos, sulfatos, hidrogenocarbonatos, carbonatos, iões amónio, nitrito e nitrato, fosfatos, ferro total, manganês, e os indicadores adicionais são, respetivamente, nos poluentes inorgânicos selénio, fluoretos, sulfuretos, cianetos, sódio, potássio, bário, metais pesados e arsénio e nos **poluentes orgânicos**: substâncias extraíveis totais, produtos petrolíferos, tensioactivos - aniónicos e não iónicos, fenóis, hidrocarbonetos aromáticos policíclicos, substâncias organo-halogenadas - clorofórmio, cloreto de metilo, bifenilos policlorados, pesticidas organoclorados.

Terras Subsolo, terras e solos *Contaminação de solos com metais pesados e metalóides*
A Rede Nacional de Monitorização e Controlo da Poluição do Solo por Metais Pesados e Metalóides está organizada de acordo com a fonte de poluição. O número de pontos da rede de monitorização e controlo é de 339, distribuídos por fontes de poluição da seguinte forma: indústria (100 pontos), quimização (99 pontos), rega (60 pontos) e autotransporte (80 pontos). Os principais elementos poluentes observados são o chumbo, o cádmio, o zinco, o cobre e o arsénio. Para algumas zonas, estão a ser realizados estudos complementares sobre os poluentes que lhes são específicos. Serão determinadas as formas totais e, em concentrações estabelecidas acima do PDC (limites de concentração), as formas móveis dos elementos. A recolha de amostras de solo e a sua análise serão efectuadas de acordo com as normas ISO. Para avaliar o grau de contaminação dos solos com metais pesados, são

utilizados os valores-limite e o Km - coeficiente de tecnogenicidade. A avaliação é efectuada em conformidade com a Portaria n.º 3, que regulamenta as normas de qualidade do solo.

Contaminação dos solos por poluentes orgânicos Em 1997, em conformidade com as exigências europeias, foi lançado um projeto de monitorização da poluição por três grupos de compostos orgânicos: hidrocarbonetos poliaromáticos (HAP), bifenilos policlorados (PCB) e pesticidas organoclorados. A rede inclui os pontos de monitorização para o controlo da poluição por metais pesados provenientes da indústria e da agricultura. São efectuadas análises gasgromatográficas, de acordo com a norma ISO/CD 10382.2

Desde setembro deste ano, a rede foi reduzida, passando a incluir 20 pontos de controlo, dos quais 11 para fontes pontuais, 4 lineares e 5 de fundo, com uma periodicidade de observação de 3 anos.

Acidificação dos solos Em 2000 iniciou-se a implementação de um projeto de monitorização de solos acidificados na Bulgária, incluindo 70 polígonos. A periodicidade da amostragem depende do tipo de solo e é, respetivamente, de um, dois, três ou quatro anos. As amostras são colhidas a duas profundidades. São analisados a acidez do solo (pH em KCl) e o teor dos iões de troca - H+, Al3+, Mn2+, Ca2+, Mg2+.

Camadas de solos Este ano iniciou-se a implementação de um projeto de monitorização de solos estratificados na Bulgária. A rede de monitorização inclui 13 polígonos e está organizada em função do tipo de estratificação.

De acordo com o projeto técnico de monitorização, é necessário organizar o trabalho sobre os três tipos de erosão - erosão hídrica, eólica e de irrigação. A realização deste tipo de monitorização requer muitos recursos - humanos e técnicos - e é por isso que estão atualmente a ser testados vários modelos matemáticos para prever a erosão.

A informação é recolhida uma vez por ano através de mapas de informação (3 referências para cada sítio) para extração, resíduos gerados e recuperados por tipo de riqueza subterrânea, terrenos perturbados e recuperados por tipo de riqueza subterrânea.

O Sistema Nacional Automatizado de Controlo Contínuo das Radiações *Gama de Fundo* na Bulgária (RaMo) foi criado em 1997 e está em conformidade com as obrigações internacionais assumidas pelo nosso país no que respeita à utilização segura da energia nuclear para fins pacíficos, ao controlo do estado de radiação do ambiente e à informação mútua atempada em caso de acidente numa instalação nuclear ou de transmissão transfronteiriça.

O sistema é totalmente automatizado e tem uma estrutura hierárquica. É composto por 26 monitorizações locais (LMS) para a radiação gama de fundo, cobrindo todo o território do país. Todos os LMS estão equipados com meios de medição e comunicação. Existe também um Centro Nacional de Resposta no Comité Permanente do Conselho de Ministros para a Proteção da População em Catástrofes e Acidentes (Departamento de Proteção Civil) e uma Estação de Emergência no Comité para a Utilização Pacífica da Energia Atómica. Todos os dados sobre o estado técnico atual dos meios de medição e comunicação do LMS e os respectivos significados dos parâmetros medidos são recolhidos, processados e armazenados na base de dados da Estação Central de Monitorização na AEA, após o que são transmitidos aos assinantes do sistema. Está também incluída uma estação de monitorização móvel para ação operacional em caso de acidente.

Para além do Sistema Nacional de Fundo Gama, a situação das radiações no país é também monitorizada em determinadas redes de pontos no ar, no solo, nas águas superficiais e subterrâneas. Os indicadores que servem de base às observações de controlo são: o teor de radionuclídeos naturais e tecnogénicos nos solos, sedimentos, resíduos; a atividade específica alfa e beta total e o teor de urânio, rádio e trítio nas águas superficiais e subterrâneas, o rádon sobre os resíduos das indústrias de urânio, mineira e termal e nas povoações vizinhas; os radionuclídeos no ar ambiente.

X. Monitorização e métodos de monitorização de sítios ambientais

A monitorização é um processo que requer o acompanhamento repetido e orientado de um ou mais compartimentos ambientais no tempo e no espaço, combinado com a utilização de métodos adequados para recolher e controlar dados que descrevam adequadamente o seu estado. A monitorização fornece uma ideia do estado atual do sistema ou objeto em estudo, mas na presença de dados de monitorizações anteriores, obtém-se informação fiável sobre as tendências de mudança do sistema observado. Okay A monitorização organizada fornece o pacote de dados necessário para a modelação estatística do objeto ou sistema em estudo.

Continuam a faltar programas comuns de monitorização que abranjam todos os domínios do ambiente. Os maiores progressos foram feitos no estudo dos objectos da hidrosfera. Este é o complexo de sistemas mais dinâmico do ambiente e é aqui que a monitorização é da maior importância. A monitorização pode ser considerada como uma etapa importante no processo de gestão dos sistemas de decisão, na avaliação dos riscos e na resolução de problemas específicos. Na resolução de um problema ambiental, pode ser utilizado o esquema de acções, também designado por "ciclo de actividades". Este ciclo contém as seguintes fases:

1. Esclarecimento do problema
2. Definição das actividades necessárias
3. Realização das actividades necessárias
4. Avaliação dos resultados obtidos

O acompanhamento e o controlo são efectuados em cada uma das diferentes fases. Na primeira, procede-se à investigação preliminar e ao planeamento do equipamento necessário para a implementação dos objectivos. Em seguida, são definidos critérios, objectivos e limites para o processo de monitorização que deve conduzir a investigação e fornecer os resultados necessários. Por fim, é obrigatório avaliar os resultados a fim de encontrar uma solução para o problema. A monitorização deve ser geralmente considerada como uma sequência de actividades inter-relacionadas. Quando se estuda e gere a qualidade da água, por exemplo, esta sequência tem a seguinte estrutura:

* Necessidade de informação

* estratégia de avaliação da qualidade

* programas de controlo

* recolha de dados

* processamento de dados

* análise de dados

* avaliação dos modelos

* aplicação das informações obtidas

* gestão da qualidade da água

As etapas destacadas estão diretamente relacionadas com a essência do acompanhamento.

XI. Métodos de monitorização dos sítios da hidrosfera

Os métodos analíticos clássicos são utilizados para determinar a qualidade da água. Estes métodos requerem equipamento tradicional de laboratório, como balanças, réguas, pipetas e recipientes de vidro para medir pesos e volumes. São as principais análises clássicas designadas por análise ponderal (gravimetria) e análise volumétrica (titrimetria). Estes métodos continuam a ser utilizados atualmente e, em muitos casos, são adaptados a procedimentos instrumentais e automatizados.

Os métodos clássicos mais frequentemente aplicados para a análise de águas poluídas são os métodos de titulação. Com a sua ajuda, determina-se a acidez livre (titulação de iões de hidrogénio com uma base na presença de um indicador para determinar a interação equivalente entre o ácido da amostra e a base titulante). A alcalinidade é determinada pela titulação da amostra com ácido sulfúrico. Os iões envolvidos na formação do indicador de dureza da água (cálcio e magnésio) também podem ser analisados por análise titulométrica. O oxigénio dissolvido e o oxigénio consumido biologicamente (CBO) são igualmente objeto de uma titulação clássica. Como se pode ver, um número suficiente de parâmetros de qualidade da água é submetido a análises de controlo clássicas.

O próximo grande grupo de métodos de controlo de amostras de água é o **espetral**, que pertence ao grupo dos métodos físicos de análise.

A espetrofotometria de substâncias que absorvem luz (historicamente, o método foi criado como colorimetria quando a luz visível é absorvida) é amplamente utilizada para analisar muitos poluentes na hidrosfera e na atmosfera. O princípio do método consiste em medir a percentagem de transmitância (%T) da luz monocromática que passa através de uma solução que absorve a luz, em comparação com a passagem da luz através do chamado "branco", ou seja, uma solução que contém todos os componentes da solução sem o componente requerido (permeabilidade de 100%). Para o controlo na hidrosfera, os métodos espectrofotométricos permitem identificar e quantificar os iões amónio, arsénio, boro, brometos, cloro, cianetos, fluoretos, nitratos e nitritos, azoto, fenóis, fosfatos, selénio, sílica, tensioactivos (PAH), taninos, lenhina.

A análise espetral de absorção atómica e de emissão atómica são também técnicas analíticas muito utilizadas na monitorização de amostras de ecossistemas. A espetrometria de absorção atómica (AAS) é geralmente aplicada à determinação de metais na água. A técnica de análise baseia-se novamente num princípio físico - a absorção de luz monocromática por um determinado tipo de átomos excitados. O importante aqui é que a luz monocromática é obtida a partir de uma fonte, composta pelos mesmos átomos que são sujeitos a análise. A fonte cria uma radiação electromagnética intensa com um comprimento de onda exatamente igual ao que pode ser absorvido pelos átomos da amostra. Isto assegura uma seletividade muito elevada do método.

O segundo grande grupo de métodos de monitorização física é o **eletroquímico**. São conhecidas várias técnicas úteis para a análise da água utilizando sensores electroquímicos. Diferem das abordagens potenciométricas, voltamétricas e amperométricas.

A potenciometria baseia-se no princípio geral de que a relação entre o potencial de um elétrodo de medição numa célula eletroquímica é uma função do logaritmo da atividade (concentração) de um ião na solução colocada na célula. Os eléctrodos que reagem de forma mais ou menos selectiva a diferentes iões são designados por eléctrodos ionoselectivos. Muito popular e praticamente indispensável durante muito tempo é o elétrodo de vidro, utilizado para medir os iões hidroxónicos em solução, ou seja, o pH de acidez da solução. O potencial é criado numa membrana de vidro que troca seletivamente iões de hidrogénio e impede a transferência de outros iões através dela.

A cromatografia reúne um grande grupo de métodos de análise que têm uma aplicação muito vasta, nomeadamente no controlo dos poluentes orgânicos no ambiente. A cromatografia em fase gasosa é provavelmente o método mais utilizado para o controlo de uma série de poluentes. Baseia-se no seguinte princípio: quando uma mistura de voláteis é transportada a partir de um gás de arrastamento através de uma coluna que contém um adsorvente em fase sólida ou, mais frequentemente, uma fase líquida absorvente, depositada num material sólido, cada componente volátil será distribuído entre o adsorvente e a fase gasosa. O tempo necessário para que o componente volátil passe através da coluna é proporcional ao grau de retenção do mesmo na fase não gasosa. Um detetor mede a quantidade e o tempo de cada componente que deixa a coluna. O sinal do detetor representa geralmente uma série de picos representados graficamente. O gás de arrastamento é geralmente árgon, hélio, hidrogénio ou azoto.

A análise por espetrometria de massa é particularmente adequada para a identificação de poluentes orgânicos específicos. O método baseia-se na preparação de iões através de uma descarga eléctrica ou de um processo químico, seguido de uma separação dependente da relação carga eléctrica/massa. É obtido um espetro de massa, que é uma caraterística do composto em causa e serve para o identificar.

Propriedades físicas medidas em amostras de água: As mais comuns são a cor, os resíduos sólidos, o odor, a temperatura, a condutividade específica e a turvação. Estas propriedades são fáceis de compreender e explicar. Todas elas influenciam ou reflectem os diferentes processos na hidrosfera. Os sólidos, por exemplo, têm origem em substâncias suspensas ou dissolvidas, que são fisicamente classificadas como uma quantidade total de resíduo sólido, após filtração, resíduo não filtrado ou resíduo volátil. A condutividade específica é a medida em que a água estudada conduz a corrente alternada, reflectindo assim a quantidade total de material iónico dissolvido.

Amostragem: Embora a amostragem para fins de monitorização seja um procedimento bastante bem desenvolvido, é importante ter em conta várias regras básicas. A obtenção de dados significativos requer necessariamente uma amostragem correcta para análise e o seu armazenamento correto até ao procedimento de medição propriamente dito. Os procedimentos necessários podem ser muito diferentes para diferentes componentes da monitorização. Para a análise química e biológica, são necessárias amostras separadas, porque os procedimentos são muito diferentes. Em geral, quanto mais curto for o período entre a amostragem e a análise, mais correctos serão os resultados esperados. Algumas análises têm de ser efectuadas imediatamente no local de monitorização. O valor do pH da água pode mudar literalmente minutos após a amostragem, os gases dissolvidos podem perder-se, quase vedgaga. A temperatura da amostra, que é um importante indicador de monitorização, também se altera imediatamente após a amostragem. A alteração da acidez afecta a precipitação do carbonato de cálcio e torna os dados sobre o teor de cálcio muito diferentes. Por conseguinte, alguns parâmetros básicos são medidos in situ, como o pH, a condutividade eléctrica, a temperatura, o oxigénio total dissolvido, os sólidos totais dissolvidos, a turvação, a radioatividade, etc.

Armazenamento das amostras de água: É quase impossível proteger totalmente a amostra de água de alterações na sua composição, pelo que é bom medir o maior número possível de parâmetros no local de monitorização. São utilizados vários aditivos e técnicas de processamento para minimizar as alterações nas amostras de água.

O método mais utilizado para armazenar amostras de água é o arrefecimento a 4º C. O congelamento deve ser evitado, uma vez que provoca alterações físicas - a formação de precipitados ou a descolagem de gases dissolvidos, o que afecta a composição da amostra. As amostras de água são normalmente recolhidas em garrafas de polietileno, que devem ser ventiladas tanto quanto possível, pressionando a garrafa durante o fecho da tampa. Isto resulta numa sucção parcial da amostra. Muito frequentemente, a amostra é acidificada com, por exemplo, ácido clorídrico diluído a 2%, para preservar os metais na forma dissolvida e evitar a sua precipitação. Este método também atrasa a ação dos micróbios e a preservação dos compostos orgânicos. No caso do controlo dos metais nas amostras de água, estas devem ser filtradas antes da adição do ácido para garantir uma análise correcta dos metais dissolvidos. O tempo de armazenamento das amostras varia entre zero para parâmetros como a temperatura e o oxigénio dissolvido, por exemplo, e até 6 meses para a análise de metais. Para muitos dos componentes procurados pela monitorização (incluindo acidez, alcalinidade, várias formas de azoto e fósforo), as amostras não devem ser conservadas por mais de 24 horas.

Carbono orgânico total em amostras de água: O carbono orgânico dissolvido, que induz a procura de oxigénio no vdi, apresenta-se frequentemente sob a forma de compostos tóxicos e é um indicador importante da poluição da hidrosfera. Por isso, a monitorização é muito importante neste domínio. A medição do carbono orgânico total é reconhecida como a melhor forma de estimar o conteúdo orgânico em amostras de água. Esta medição é efectuada através de métodos que, na maioria das vezes, visam a oxidação total da matéria orgânica dissolvida em dióxido de carbono. A sua quantidade é considerada como uma medida do carbono orgânico total.

Medição da radioatividade em amostras de água: Existem várias fontes potenciais de materiais radioactivos que podem contaminar a hidrosfera. A contaminação radioactiva da água é geralmente detectada através da medição do fundo radioativo total e, em seguida, da radioatividade da água. A monitorização é efectuada com detectores de radiação ionizante no local ou num laboratório.

Análise automatizada da água: A monitorização de objectos da hidrosfera requer um grande número de análises. Isto requer o desenvolvimento de uma série de processos automatizados nos quais as amostras são introduzidas através de um dispositivo especial e a análise é efectuada sem a participação de humanos. Os seus resultados são comunicados automaticamente. Estas análises são altamente computorizadas.

Bombas de água para a recolha de amostras de água de sondagens e poços.

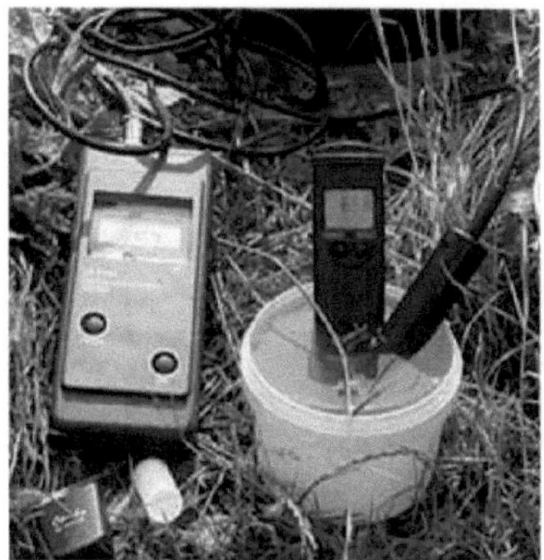

Instrumentos para medir os parâmetros da água - acidez, oxigénio dissolvido, sólidos totais dissolvidos, temperatura, condutividade eléctrica, turbidez, etc.

XII. Monitorização de locais na atmosfera

Para o estudo da poluição atmosférica, a aplicação de uma boa metodologia de medição a um sistema de monitorização automatizado é de grande importância. A atmosfera é um objeto difícil de analisar e monitorizar, uma vez que os níveis das substâncias a monitorizar são muito baixos. Além disso, os níveis de poluentes mudam acentuadamente com o tempo e com a mudança de posição geográfica. A influência da temperatura, o movimento das massas de ar e a humidade são outros factores complicadores da monitorização. Não é fácil chegar a um determinado local de amostragem, uma vez que, por vezes, é necessário monitorizar locais situados muito acima da superfície do solo.

Muitos dos dados de monitorização anteriormente obtidos sobre os níveis de poluentes na atmosfera não eram fiáveis, devido à falta de métodos adequados de análise ou de amostragem. No entanto, nem sempre é necessário obter um resultado muito exato sobre o teor de um poluente na atmosfera para poder beneficiar dele. Por vezes, o conhecimento dos valores relativos do teor de poluentes permite obter informações suficientes para estudar tendências, efeitos ou identificar fontes locais de poluição. Assim, os métodos relativos também funcionam no controlo dos poluentes na atmosfera. Isto não impede o desenvolvimento e a utilização de técnicas precisas para o controlo da qualidade do ar numa zona ou num determinado local de trabalho ou de habitação.

Os poluentes atmosféricos sujeitos a procedimentos de controlo podem ser divididos em várias categorias diferentes:

Uma das categorias prevê o controlo de vários **poluentes atmosféricos padrão,** cujos níveis admissíveis foram estabelecidos por iniciativas legislativas. Esta categoria inclui o *dióxido de enxofre, o monóxido de carbono, o dióxido de azoto, os hidrocarbonetos não metânicos e as partículas (poeiras).* Para este grupo, foram estabelecidas normas primárias e secundárias. As normas primárias definem a qualidade do ar necessária para proteger a saúde humana. As normas secundárias foram estabelecidas para garantir a proteção contra os efeitos conhecidos ou previstos dos poluentes nos materiais, na vegetação e nos animais.

O segundo grupo de poluentes atmosféricos a monitorizar inclui **substâncias particularmente nocivas** para a saúde humana, como o *amianto, o berílio e o mercúrio.*

A terceira categoria de poluentes atmosféricos é constituída por **substâncias características de certas instalações industriais** (geralmente regulamentadas por lei), tais como as instalações de extração de carvão, as refinarias de petróleo, as centrais térmicas, as fábricas têxteis, as fábricas de papel e as caldeiras. Alguns poluentes característicos são as *emissões de partículas, os nevoeiros ácidos (mais frequentemente de ácido sulfúrico), os aerossóis, os óxidos de azoto e os óxidos de enxofre.* Normalmente, estes poluentes são controlados nas chaminés e em círculos concêntricos à volta das fábricas para verificar se os requisitos legais estão a ser cumpridos.

A quarta categoria prevê o controlo dos poluentes provenientes de fontes móveis (tráfego automóvel) - *hidrocarbonetos, monóxido de carbono e óxidos de azoto.*

O grupo 5 é constituído por vários elementos e compostos, por exemplo, *metais pesados, fluoretos, cloro, fósforo, metais policíclicos, hidrocarbonetos aromáticos (PAH), bifenilos policlorados (PCB), substâncias odoríferas, substâncias orgânicas reactivas e substâncias radioactivas.*

As unidades de medida em que os poluentes atmosféricos são representados e que determinam as suas qualidades são:

1.   para gases e vapores µg/m3 (ppm, que significa gramas por tonelada, em relações de volume)
2.   para peso de sólidos (aerossóis) - µg/m3
3.   para o número de partículas - número por metro cúbico
4.   para visibilidade - quilómetro
5.   para a condutividade instantânea da luz - percentagem de luz que passa

1.   taxa de emissão e de amostragem - m3/min
2.   para verter - milímetros de mercúrio
3.   para temperatura graus Celsius

Para ser considerado um gás ideal, o volume de ar deve ser normalizado para as condições de 10° C e 760 mm Hg (1 atm).

As técnicas ideais para monitorizar a atmosfera são as que não requerem amostragem, por exemplo, a monitorização por absorção de ressonância laser. Se for necessária uma amostragem, esta é efectuada através de recipientes de vácuo especiais, hermeticamente fechados e com a forma de balões ou frascos metálicos. Ao desapertar uma torneira, o ar a ser testado entra no recipiente com um forte jato sob a ação da pressão atmosférica, após o que a torneira é novamente fechada e o ar poluído permanece no interior para exame laboratorial, por exemplo, através de análise espetral. Na maioria dos casos, são necessários processos de amostragem representativos. Em alguns sistemas de monitorização complexos, as amostras são recolhidas e analisadas automaticamente e os resultados são transmitidos a uma estação central de recolha e processamento de informações. No entanto, na maioria dos casos, são recolhidas amostras individuais, que serão objeto de análise na fase seguinte. Em princípio, os resultados da monitorização podem ser tão bons quanto o método utilizado para determinar o nível do poluente e para a amostragem. Vários factores determinam a obtenção de uma amostra representativa. O volume de ar necessário para a amostra atmosférica diminui com o aumento da concentração do poluente e da sensibilidade do método de controlo utilizado.

A técnica mais comummente utilizada para a recolha de partículas sólidas (aerossóis) é a sedimentação. Um coletor de sedimentação pode ser um dispositivo muito simples, por exemplo, um copo de vidro equipado com um funil. Por vezes, é colocado líquido no coletor para proteger o sopro das partículas. As partículas sólidas são normalmente recolhidas por filtração. Os filtros podem ser feitos de vidro poroso, cerâmica porosa, celulose, fibra de vidro, amianto, lã mineral ou plástico.

A amostragem de vapores e gases pode variar entre sistemas e métodos de recolha de apenas um poluente específico e outros possíveis. No final, todos os poluentes podem ser extraídos da amostra de ar por meios criogénicos, arrefecendo ou liquefazendo o ar no coletor a baixa temperatura.

Um dos dispositivos de amostragem mais úteis para um determinado tipo de poluentes gasosos são os chamados denudes. Estes dispositivos resolvem um problema importante aquando da amostragem de poluentes gasosos isentos de contaminação adicional por aerossóis. Caso contrário, não é possível (especialmente em casos de poluentes ácidos) distinguir a quantidade de poluente na fase gasosa e a quantidade de poluente nas partículas de aerossol.

Os desnudadores por difusão absorvem uma corrente de ar laminar que passa através de um tubo cujas paredes estão revestidas de um sorvente ou de um reagente adequado capaz de interagir com um determinado poluente. Os coeficientes de difusão dos pequenos sólidos são apenas$^{10-4}$ dos coeficientes de difusão dos gases, pelo que as partículas passam através do tubo e os gases difundem-se para as paredes e aí se depositam.

A análise automatizada de poluentes na atmosfera é feita principalmente dos seguintes poluentes:

Dióxido de enxofre (SO2): Um dos principais métodos físicos para a sua monitorização é a condutometria. O gás é aprisionado numa solução de peróxido de hidrogénio e mede-se o aumento da condutividade da solução de ácido sulfúrico obtida. Também é possível medir através de um detetor amperométrico, no qual se mede a intensidade da corrente eléctrica proporcional à concentração de dióxido de enxofre na solução de aprisionamento.

Óxidos de azoto (NO, NO2, NOx): Neste caso, o método de quimiluminescência é muito adequado. Trata-se da emissão de luz por electrões excitados durante uma interação química. Especificamente para o dióxido de azoto, o reagente é o ozono, que converte o óxido nítrico em óxido nítrico excitado eletronicamente. O composto excitado perde energia e regressa ao estado básico, emitindo luz. A luz emitida é medida utilizando um fotomultiplicador.

Ozono (O3): Muitas vezes, não só o ozono é analisado, mas também outros oxidantes como o peróxido de hidrogénio, peróxidos orgânicos, cloro, utilizando métodos de "química húmida" (trabalhando com soluções). A quimiluminescência é agora preferida e, para a monitorização automatizada do ozono, é o único método.

Monóxido de carbono (CO): O melhor método físico instrumental para monitorizar o monóxido de carbono na atmosfera é a espetrometria de infravermelhos não dispersiva. O método baseia-se no facto de o monóxido de carbono absorver fortemente os raios infravermelhos em determinados comprimentos de onda. Quando essa radiação passa por uma célula longa (normalmente 100 cm) que contém mesmo vestígios de monóxido de carbono, a maior parte da energia da radiação infravermelha é absorvida.

Hidrocarbonetos e outras substâncias orgânicas: O controlo dos hidrocarbonetos em amostras da atmosfera baseia-se na elevada sensibilidade do detetor de ionização por chama de hidrogénio. Determinadas quantidades de ar passam através do detetor de 4 a 12 vezes por hora, assegurando assim a medição do teor total de hidrocarbonetos.

Alannis de aerossóis: As partículas sólidas são quase sempre removidas do ar ou do gás (por exemplo, gás residual de alguma produção industrial) antes de um procedimento de monitorização. As duas principais abordagens para isolar as partículas são a filtração ou a remoção por métodos que causam uma mudança brusca na direção do movimento do fluxo de gás, de modo a que as partículas caiam e se acumulem numa determinada superfície. Quando se monitoriza a quantidade de partículas sólidas em suspensão no ar, o ar é normalmente passado através de filtros que retêm as partículas. Muito frequentemente, é utilizado um coletor de grande volume, semelhante a um aspirador normal.

Espectrofotometria direta de poluentes gasosos no ar: Muito mais preferíveis são os métodos em que é feita a medição instrumental direta dos níveis de poluentes gasosos. Com o avanço da tecnologia eletrónica digital, foram criadas oportunidades para análises no local muito mais convenientes e qualitativas dos poluentes atmosféricos. É o caso, por exemplo, da espetrometria de infravermelhos já descrita. Assim, são possíveis medições directas no local, por exemplo, numa chaminé ou num furo de sondagem.

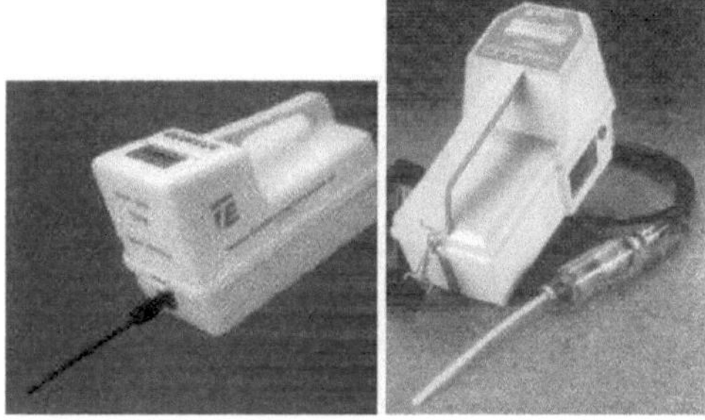

Dispositivos de monitorização ambiental do ar - medição dos gases CO, CO_2, SO, SO_2, CH4.

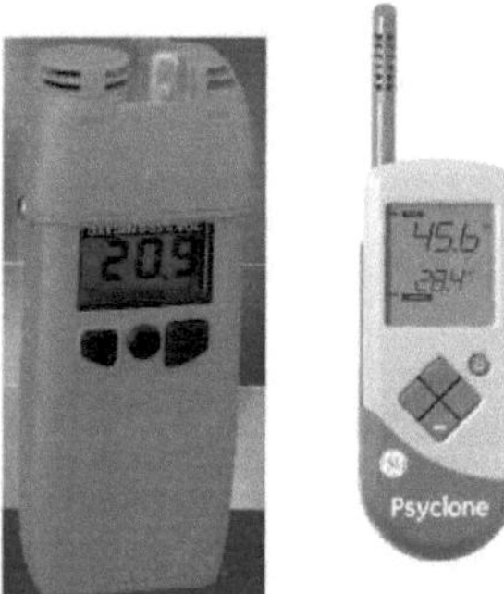
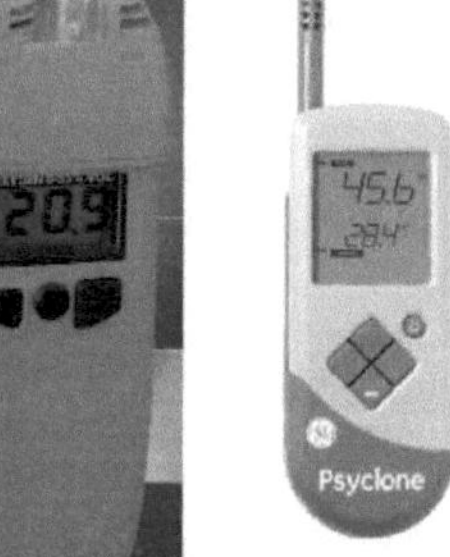

Instrumentos para a medição de radiações em salas, de materiais e de fundo radioativo geral

.

Instrumentos de medição do ruído e da poeira.

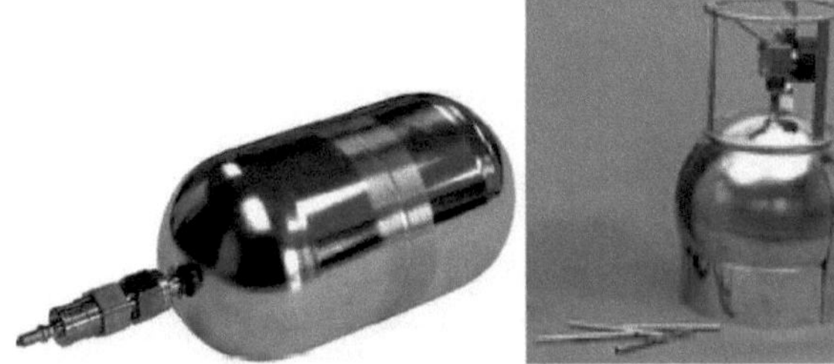

Recipientes de vácuo para a recolha de amostras de ar e de gás.

XIII. Monitorização dos resíduos e dos sítios da geosfera

A análise de resíduos perigosos de vários tipos é um dos aspectos mais importantes da monitorização, a fim de avaliar o risco de poluição, bem como para a gestão desse risco. Neste caso, a monitorização também deve ser efectuada para localizar as fontes dos produtos residuais, avaliar os possíveis efeitos nocivos para o ambiente e para os seres humanos e identificar as abordagens mais adequadas para o tratamento e eliminação destes resíduos. É importante recordar que os resíduos são muito diferentes em termos de origem e propriedades e incluem sólidos, semi-sólidos, resíduos, líquidos, solos contaminados, sedimentos e outros tipos de materiais que são eles próprios produtos residuais ou resíduos contaminados. Torna-se claro que os principais objectos da geosfera, como os solos e os sedimentos, também se enquadram nesta categoria.

Na maior parte dos casos, as substâncias que são determinadas na monitorização dos resíduos utilizam os mesmos métodos que os utilizados na monitorização da água e do ar. Mas os métodos de análise são significativamente mais complexos, uma vez que as matrizes que contêm as substâncias a monitorizar a partir das coberturas são complexas e não é fácil extrair delas os poluentes específicos de interesse para os ecologistas. A monitorização dos resíduos é feita em várias etapas. Os resíduos são muito mais heterogéneos do que as amostras de água ou de atmosfera, o que torna muito difícil obter uma amostra representativa do sistema ou do ambiente produzido. Este facto torna a preparação preliminar antes da medição com um instrumento bastante complicada e morosa. Esta etapa necessária pode representar, por exemplo, a diluição de amostras oleosas com solvente orgânico, a extração de substâncias orgânicas da matriz para um solvente orgânico, a evaporação e condensação de voláteis, a decomposição de sólidos com ácidos fortes e oxidantes para extrair metais antes de realizar, por exemplo, uma análise de absorção atómica.

Para analisar uma amostra sólida de um resíduo através de métodos bem definidos e validados, como a espetroscopia de absorção atómica por chama, o plasma indutivamente acoplado, a espetrometria de massa, etc., a amostra deve ser previamente decomposta para permitir a passagem dos componentes metálicos para a solução. É de notar que os processos de decomposição utilizam reagentes com elevado poder corrosivo, entre os quais ácidos fortes e venenos fortes, bem como substâncias tóxicas. Para tal, é necessário trabalhar com pessoal qualificado, com equipamento e meios de proteção adequados. De certa forma, estes processos podem tornar-se uma espécie de fonte de poluição ambiental e um perigo para as pessoas que trabalham com eles.

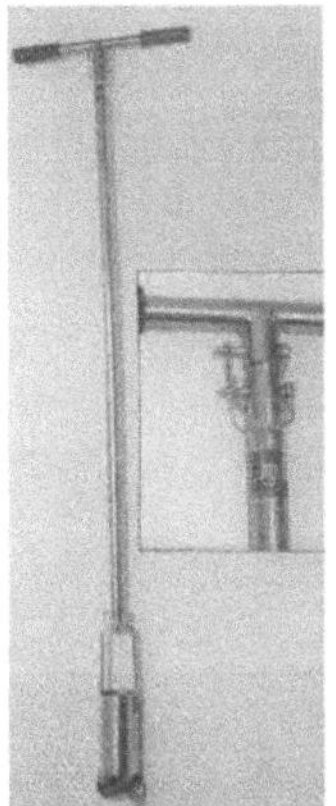

A broca é uma ferramenta para recolher amostras de solo em profundidade.

Peneiras com diferentes tamanhos de orifícios para a preparação de amostras de solo e sedimentos.

Tipos de lâminas de amostragem de solos superficiais.

Referências

1. Simeonova, P., Lovchinov, V, 2008. Introdução à Física Ambiental. Ed. Avangard Prima-Sofia, 433 p.
2. Bragazzaa, Marchesinia, Alberb, Bonettic, Lorenzonic, Achillid, Buffonid, De Marcoe, Franchif, Pisonf, Giaquintag, Palmierih, Spezzano, 2000. Monitorização da deposição de metais pesados no Norte de Itália através da análise de musgos. Environmental Pollution, Volume 108, Número 2, pp 201-208.
3. Csaba Csuros, 2002. Environmental sampling and analysis for metals. 219 p., CRC Press.
4. Stribling J. B., Davie S.R., 2005. Conceção de um programa de monitorização ambiental para a bacia hidrográfica do Lago Allatoona/Upper Etowah River. Actas da Conferência de Recursos Hídricos da Geórgia, 25-27 de abril de 2005.
5. Pott U., Turpin D. H., 1998. Assessment of Atmospheric Heavy Metals by Moss Monitoring with Isothecium Stoloniferum Brid. in the Fraser Valley, B.C., Canada, Water, Air, & Soil Pollution, Volume 101, Números 1-4, janeiro de 1998.
6. Wrona, F. J., Cash, K. J., 1996. The ecosystem approach to environmental assessment: moving from theory to practice, Journal of Aquatic Ecosystem Health, Kluwer Academic Publishers.

CAPÍTULO 3. MONITORIZAÇÃO AMBIENTAL DO
RIO Dragovishtitsa, Bulgária
(Sotirov et. al. 2015, 2016)

Resumo

O objetivo geral do estudo é a recolha de dados sobre o ambiente e o ecossistema do rio Dragovishtitsa, na Bulgária, e a obtenção de informações sobre a sua influência na contaminação do rio Struma. São recolhidas amostras e efectuadas medições a intervalos de cerca de 500 m ao longo do rio, bem como do estuário no local da sua entrada no rio Struma. Desta forma, foram medidos 50 pontos de medição na Sérvia e 50 pontos na Bulgária. A principal conclusão do estudo é que a água do rio Dragovishtitsa corresponde ao tipo R3-Rio de Montanha, uma vez que quase todos os parâmetros medidos se encontram na gama normal, com poucas excepções para o teor de ácido cianúrico e de nitratos. Foram medidos 45 parâmetros do ambiente e a maioria deles resulta de processos naturais. Apenas o ácido cianúrico e os nitratos se encontram num intervalo relativamente elevado em torno dos canais de resíduos da vida humana na Sérvia e das explorações agrícolas na Bulgária. Recomenda-se que se preste atenção a este tipo de contaminante no âmbito dos esforços governamentais para restabelecer a população de trutas castanhas no rio.

Palavras-chave: *monitorização ambiental, contaminação da água, espécies de peixes*

Dados gerais

O rio Dragovishtitsa situa-se na parte ocidental da Bulgária e tem 40 km de comprimento (25 dos quais na Bulgária e 15 na Sérvia). Nasce no local onde os rios Bozhitska e Lisina confluem na Sérvia. A área de drenagem tem uma dimensão de 867 km^2 , na Bulgária 177,1 km^2 , na Sérvia, juntamente com os afluentes em formação, 689,9 km^2 e com uma altitude média de 1188 m. A frescura da primavera ocorre normalmente no final de fevereiro e termina no início de junho. A fase de águas baixas do verão ocorre no início de agosto e prolonga-se até outubro-novembro.

O rio Dragovishtitsa é um dos maiores afluentes do rio Struma e é por isso que o seu ecossistema afecta o Struma. O Dragovishtitsa é um afluente direito do Struma de primeira ordem, tipo de massa de água TR28-011111, chave EU_CD BG4ST700R019 [1].

De acordo com a Diretiva-Quadro da Água (DQA) (DIRECTIVA 2000/60/UE DO PARLAMENTO EUROPEU E DO CONSELHO, 2000), a região estudada insere-se na Ecoregião 7, que abrange os Balcãs Orientais, incluindo o Sul da Bulgária, partes do Norte da Grécia, a parte europeia da Turquia, a ARJM e a Sérvia, incluindo os rios Maritsa, Mesta e Struma. [2].

Métodos de investigação

O objetivo do nosso projeto é recolher dados sobre o ambiente e o ecossistema do Dragovishtitsa e obter informações sobre a sua influência como afluente do Struma, que atravessa a fronteira entre a Sérvia e a Bulgária, passando pela Bulgária e pela Grécia e desaguando no Mar Egeu. As medições são efectuadas ao longo do curso do rio até ao local onde o rio nasce na Sérvia. A água do Struma foi medida e amostrada antes e depois do caudal do Dragovishtitsa. Observámos o rio durante a primeira monitorização de verão, de 20th de julho a 10th de agosto de 2015 г. O rio foi estudado durante o mínimo de água no verão.

Foram colhidas amostras e efectuadas medições em intervalos de 500 m ao longo do Dragovishtitsa, dos três afluentes e do rio Struma, antes e depois de o Dragovishtitsa nele desaguar. Assim, medimos 50 pontos do rio na Sérvia e 50 na Bulgária (фиг. 1,2).
Foram utilizados aparelhos digitais (electrónicos) durante a execução do estudo devido às suas capacidades de medição rápida, fácil e precisa dos parâmetros estudados no campo.
Aplicámos o método de medição no local ("in situ"), no terreno, com amostras de agarrar, porque as vantagens deste método são o elevado grau de autenticidade, propriedade e precisão dos estudos.
A radioatividade total e a radioatividade da água são medidas com o contador Geiger "Radex" RD1503 em (µSv/h).

As medidas do depois são realizadas com o instrumento "Hana" HI9813-6, que mede a acidez da água (pH), a temperatura da água (t, ° C), a condutância eléctrica (EC, µS), o total de sólidos dissolvidos (TDS, ppm).

Outro dispositivo utilizado é o "Senso Direct 150", que mede a acidez da água (pH), a temperatura da água e do ar (t, °C), a condutância eléctrica (CE, μS), o total de sólidos dissolvidos (TDS, ppm) e o oxigénio dissolvido (O_2, %).

Para o estudo dos parâmetros químicos da água do rio foi utilizado o tintómetro "Lovibond". Com esse instrumento são determinados: cloro livre, total e combinado Cl, acidez (pH), ácido cianúrico CYS, alcalinidade total $CaCO_3$, cobre livre, total e combinado e ferro Fe em mg/l.

Outro tintómetro utilizado é o "Lovibond MD 600", no qual são medidos os mesmos parâmetros: cloro livre, total e combinado Cl, acidez (pH), ácido cianúrico CYS, alcalinidade total $CaCO_3$, cobre livre, total e combinado Cu e ferro Fe em mg/l.

O teor de nitrato NO3- mg/l e de nitrito NO2- mg/l na água é determinado através do método colorimétrico com fitas de teste com intervalos de 0-10-2550-100-250-500 mg/l.
O teor de arsénio As é medido através de um método colorimétrico com fitas de teste com intervalos de 0,005-0,0010-0,0025-0,05-0,1-0,25-0,5mg/l e ácido malónico reagente.

Para determinar o teor de zinco Zn é aplicado o método com fitas de teste com intervalos de 0-4-10-20-50mg/l e reagente hidróxido de sódio.

O manganês Mn também é medido através de um método colorimétrico com fitas de teste com intervalos de 2-5-20-50-100mg/l e reagente hidróxido de sódio.

O teor de chumbo Pb é determinado através do método colorimétrico com fitas de teste com intervalos de 20-40-100-200-500mg/l e reagente Blei-Test.

Os sulfatos SO4 são medidos através do método colorimétrico com fitas de teste com intervalos de 200-400-800-1200-1600mg/l.

Os sulfitos SO3 são medidos através de um método colorimétrico com fitas de teste com intervalos de 10-40-80-180-400 mg/l.

Para a bio-monitorização e determinação do terreno do leito do rio é utilizado um radar portátil (sonar_ para cardumes de peixes "Fish Finder" com ecrã LCD monocromático, de raio único, frequência 200kHz, profundidade máxima 100m, imagem do terreno do fundo do rio.

A pesquisa microbiológica de *coliformes* é efectuada de acordo com a norma governamental búlgara BDS EN ISO/IEC 17025: 2006 para a pesquisa de águas fluviais. A investigação é realizada por Изпитвателна химична и микробиологична лаборатория при "Кюстендилска вода"

ЕООД, гр. Кюстендил. О volume das amostras 250 ml, unidades de torre KOE/100 ml e métodos padrão validados BDS EN ISO 9308-1, temperatura durante a pesquisa 37°C em valor e limite do indicador 5000. Protocolos 455 и 456/25.08.2015.

Para o exame sedimentológico das amostras foi aplicado o método de investigação microscópica que está a ser aplicado em geologia para rochas sedimentares - microscópio binocular (estéreo) "CETI" (STAR-24-ED) com luz branca reflectida e aplicação para luz fluorescente e câmara digital incorporada "Globecam-D" com ligação USB ao PC e programa "Image Driving Software" DCE-2. Também utilizámos um microscópio digital monocular USB 2.0 DigiScope e um microscópio digital com o programa de computador Micro Viewer.

Os dados relativos ao controlo ambiental realizado da água e dos sedimentos do rio Struma e dos seus afluentes direitos da bacia de Kyustendil são apresentados por Sotirov [5,6].

O tratamento estatístico dos dados e as análises de clusters são efectuados com o programa informático Excel e a sua aplicação XL-Stat.

Resultados da monitorização ambiental de verão do rio Dragovishtitsa

Parâmetros físicos

Durante a monitorização ambiental de verão, o rio Dragovishtitsa foi estudado durante o seu nível de água mais baixo no verão, de 27th de julho a 7th de agosto de 2015. O objetivo da investigação foram os parâmetros da água do rio durante o nível de água mais baixo. Durante a fase de baixa-mar do verão, a flora e a fauna do rio foram mais facilmente estudadas, bem como os poluentes locais. O baixo nível da água do rio permitiu-nos entrar na água e estudar os sedimentos, a flora e a fauna em pormenor (in situ). No seu conjunto, os resultados são satisfatórios e a conclusão é que o estado ecológico da água é aceitável, com algumas observações que serão descritas a seguir.

A largura do rio variava entre 3 e 20 m. A profundidade variava entre 0,2 e 1,6 m, consoante o terreno, a inclinação do fundo do rio, a velocidade da água e a presença de afluentes. A velocidade da corrente de água era geralmente de 0,20 m/s - corrente lenta, 0,50 m/s - corrente razoável e 1 m/s - rápida. Piscinas profundas e remansos são quase inexistentes devido à inclinação acentuada do terreno na parte montanhosa do rio (фиг. 3).

As medições são efectuadas durante o dia entre as 9:00 e as 21:00 e a temperatura do ar entre 22 e 34°C. As expedições foram realizadas com um automóvel e em alguns locais o acesso ao rio ficava longe da estrada principal, pelo que tivemos de chegar aos pontos a pé.

O fundo do rio é geralmente rochoso, com blocos e pedregulhos maiores na parte superior do rio e cascalho na parte inferior do rio. Os detritos são normalmente dioritos - tufa, gnaisses, quartzitos na corrente superior do rio, perto da aldeia de Dragvishtitsa. Existem rochas de cascalho quaternário na corrente inferior do rio depois da aldeia e até ao desaguadouro no rio Struma.

A radioatividade total de fundo, a radioatividade da água e do sedimento estão dentro dos intervalos normais, ou seja, abaixo de 0,36 µSv/h. Flutua de 0,04 a 0,24 µSv/h, ou seja, uma média de cerca de 0,20 µSv/h, que é o valor normal para a região.

Parâmetros físico-químicos

A acidez medida é normal para os rios montanhosos do tipo R3 que se encontram na zona do salmão pH=7,52-8,43, o único desvio da acidez da água encontra-se na região de efusão do esgoto de Bosilegrad e nos aterros ilegais que rodeiam a cidade, onde a acidez se situa entre 6,6 e 9,1. As fontes de acidificação e alcalinização são os resíduos fecais e de esgotos. Na parte búlgara, a acidez mantém-se estável em torno de 8. Apenas no rio Struma, antes da infusão de Dragovishtitsa, o pH é de cerca de 9, mas depois da infusão a acidez do rio Struma torna-se normal, ou seja, o afluente tem um efeito purificador positivo (фиг. 3).

A condutividade eléctrica da água, ou seja, os electrólitos dissolvidos, não é elevada em comparação com os afluentes próximos de Struma. Não é afetada pela acidez da água e tem uma taxa normal de 0,149 a 0,363 MS, mas na maioria dos casos varia em torno de 0,250 mS.

A quantidade de sólidos totais dissolvidos coincide com os dados relativos à condutividade eléctrica medida da água porque os principais electrólitos estão dissolvidos nos sólidos da água.

O oxigénio dissolvido na água O_2 é de 20,1 a 28,1%, ou seja, 2,1-2,81 mg/l. O teor comparativamente baixo de oxigénio é explicado pela alta temperatura do ar e da água durante os estudos. De acordo com Rusev, Nikolov (2013), a respiração do arco-íris torna-se difícil quando a quantidade de oxigénio dissolvido é de cerca de 3,5 mg/l. Talvez esta seja a razão pela qual o arco-íris não foi encontrado no rio durante a monitorização.

A temperatura medida da água varia entre 15 e 24,7°C, consoante a hora, mas existe uma anomalia de temperatura perto da aldeia de Dolno Uyno, onde a temperatura da água é de 10,1°C. A razão para tal é a presença de uma nascente cársica subterrânea que aumenta o caudal do rio e a sua largura passa a ser de 15 m. Poderíamos sugerir que, neste local, o rio volta a nascer e que esta é a segunda nascente juntamente com a ligação dos dois rios Bozhitska e Lisina na Sérvia.

Parâmetros químicos

Os nitritos NO2 e os nitratos NO3 são indicados apenas na região de escoamento das águas de costura em Bosilegrad, respetivamente nitritos $NO2=10$ mg/l e nitratos $NO3=1$ mg/l e em redor das aldeias Raichilovtsi, Ribartsi e Mlekomintsi na Sérvia, mas com valores baixos $NO3=0,1-0,5$ mg/l. Na Blugaria aparecem em redor de Dolno Uyno, Goranovtsi e Dragovishtitsa e no rio Struma $NO3=0,1-0,5$ mg/l (фиг. 3). Destes teores, apenas os encontrados em Bosilegrad estão na fronteira das taxas aceitáveis de acordo com a Diretiva do Conselho de 12th de dezembro de 1991 para a preservação das águas com nitratos de fontes agrícolas (91/676/ЕИО).

O cloro livre, total e combinado não é encontrado na parte sérvia do rio. Há apenas uma pequena presença de cloro total e combinado na água do afluente direito do rio Lisina, no início do rio Dragovishtitsa, com 0,15 mg/l, e na saída do rio Dragovishtitsa, na fronteira entre a Sérvia e a Bulgária, perto do posto de controlo Ribartsi, com valores de 0,1 e 0,09 mg/l. Na parte búlgara do rio Dragovishtitsa e na água do rio Struma, antes e depois do afluxo do Dragovishtitsa, embora o cloro esteja presente em todas as suas formas em quase todas as amostras, ainda assim em pequenas quantidades e, na maioria dos casos, abaixo de 0,1 mg/l. Só em alguns pontos é que aumenta depois da aldeia de Stensko e antes da foz do rio, atingindo 0,1 mg/l. A presença de diferentes formas de cloro é possivelmente um processo natural. O cloro faz parte dos sais minerais, dissolvidos na água durante a sua passagem pelos solos e rochas e a sua lixiviação. Os diagramas mostram que o enriquecimento da água com cloro começa na aldeia de Dragovishtitsa, onde a paisagem muda de montanhosa para plana e a geologia do leito do rio muda de dioritos para quaternário.

Um parâmetro especialmente importante no âmbito desta investigação é o componente da água do ecossistema do rio Dragovishtitsa, o chamado ácido cianúrico CYS. Este parâmetro é importante porque não está incluído no sistema nacional de monitorização ambiental e é vagamente estudado. O ácido cianúrico é o nome geral dos produtos residuais da indústria química frequentemente utilizados no dia a dia, como lixívia, colas, desinfectantes, tintas, cosméticos, estabilizadores de cloro e muitos outros. O ácido cianúrico está permanentemente presente como lixiviado nos locais onde existem aterros sanitários. Foi descoberto pela primeira vez em amostras de urina. O ácido cianúrico é difícil de formar por si só na natureza e é por isso que a sua presença é um indicador de atividade antropogénica. A sua fórmula pode ser diferente, mas a mais resumida é $(CNOH)_3$ (1,3,5-triazina-2,4,6-triol). Um dos seus compostos análogos é [7]. Este é o produto final da decomposição e é um poluente. Na natureza, só pode ser filtrado através de precipitação como rocha orgânica. Da mesma forma, pode provocar a formação de cálculos nos rins e nas vias urinárias dos animais [8]. De acordo com dados da Internet, a truta é muito sensível a este produto químico e não pode viver numa concentração de CYS superior a 8mg/l. Existem dados sobre a sensibilidade dos camarões de água doce do género Branchiopoda a esta substância. O teor de CYS não deve ser superior a 10-12 mg/l nas piscinas.

A investigação sobre a CYS é necessária devido ao facto de nos barrancos dos rios da Bulgária existirem muitos aterros ilegais, muitas quintas e esgotos. Outro aspeto importante é o facto de o Dragovishtitsa estar dentro da zona das trutas. O principal bioindicador para investigação no projeto é a truta dos Balcãs *Salmo Trutta,* a espécie invasora truta arco-íris americana *Oncorchynchus Mykiss* e a truta macedónia *Salmo Macedónica.*

É interessante o facto de o rio estar dividido em duas partes no que diz respeito aos teores de CYS. Na parte sérvia do rio, a CYS não é encontrada, com apenas algumas excepções, perto dos locais com atividade antropogénica e em redor da cidade de Bosilegrad, com teores mínimos de 1 mg/l, enquanto na parte búlgara é encontrada logo no início do nosso território, perto da construção de uma pequena central hidroelétrica de 0,5 MW, com quantidades de 5 mg/l e está presente em quase todas as amostras. Os seus teores chegam mesmo a aproximar-se dos 26 mg/l perto de Dolno Uyno e desaparecem antes de Goranovtsi, aparecendo depois novamente perto de Stensko entre 20 e 25 mg/l. Em metade dos pontos medidos, o CYS atinge níveis que não são adequados para a truta dos Balcãs. Talvez seja por isso que existem mais exemplares de truta na parte sérvia do rio, ao passo que não encontrámos nenhum na parte búlgara e os dados que recolhemos são de pescadores búlgaros que nos disseram ter pescado. Um facto interessante é que o CYS aparece depois da pequena central hidroelétrica, mas em pequenas concentrações. Na maioria dos pontos onde são medidas quantidades elevadas de CYS não há actividades antropogénicas, exceto pequenos aterros sanitários. (Sotirov e co. 2014). As concentrações são comparativamente elevadas para ser um fenómeno e a medição foi feita pela segunda vez com outro dispositivo para controlo, mas os valores das amostras permaneceram os mesmos. A fábrica de meias em Bosilegrad não está a funcionar e depois dela há CYS e na área da fábrica de azulejos em Dragovishtitsa os valores também não são muito elevados. Suspeitamos que a principal fonte de poluição são as explorações agrícolas na parte inferior do rio e na parte superior existem condições para a poluição perto da barragem da central hidroelétrica.

A alcalinidade total da água não é elevada e varia entre 106 e 198 mg/l apenas na foz do rio. Apenas na foz do rio, antes e depois do afluxo do rio Struma, é superior a 200 mg/l. Desde a nascente até à foz do rio, o teor de $CaCO_3$ aumenta. A alcalinidade tem origem nas rochas autóctones, que contêm carbonatos e calcite, através das quais a água corre.

Os teores de cobre livre, total e combinado são baixos e variam entre 0 e 0,41 mg/l. A presença de cobre é um processo natural. Existem depósitos de cobre na região e as rochas através das quais a água flui contêm diferentes minerais de cobre.

Ferro Fe^{2+} Fe^{3+} e encontra-se em pequenas quantidades de 0,01 a 0,05 mg/l. Deve ser supervisionada a quantidade de cobre e ferro nas parcelas de irrigação após Dragovishtitsa, perto de Struma, para que não excedam os valores para solos determinados no Jornal Oficial n.º 54/1997.

O arsénico As na água do rio Dragovishtitsa é raramente encontrado em pequenas quantidades como resultado da lixiviação natural dos minerais das rochas próximas e os seus valores situam-se entre 0 e 0,01 mg/l. É de notar que os valores são novamente mais elevados em torno de Goranovtsi e no delta do rio antes do seu afluxo a Struma As=0,05 mg/l, onde as pessoas estão a escavar diferentes materiais e provavelmente ouro.

O chumbo Pb não foi encontrado durante a monitorização ambiental do verão.

O manganês foi encontrado apenas na parte búlgara do rio, perto do posto de controlo de Oltomantsi, e os seus valores variaram entre 0 e 4 mg/l. Devido à impossibilidade de relacionar os vestígios de manganês com a atividade antropogénica, a fonte provável de manganês são as rochas próximas.

Zinco Zn - o teor de zinco varia de 0 a 2 e muito raramente 3 mg/l. A sua presença na água do rio deve-se provavelmente ao facto de o rio atravessar rochas que contêm minerais de zinco.

Durante a pesquisa de sulfatos SO4 e sulfitos SO3 é notável que perto dos locais com atividade antropogénica desenvolvida há um aumento do valor de alguns dos parâmetros estudados como nitratos e nitritos. O único ponto de pesquisa com sulfito nas amostras de água no posto de controlo de Oltomantsi. Os sulfatos são frequentemente encontrados em locais com agronomia e agricultura desenvolvidas, perto das aldeias Goranovtsi, Dragovishtitsa e Stensko, onde os valores de sulfatos atingem 300 mg/l. A Fig. 5 mostra a coerência mútua dos parâmetros estudados na análise de clusters dos dados recebidos.

Parâmetros microbiológicos

O teor de coliformes na água é medido em dois pontos: o primeiro é na saída de Dragovishtitsa da Sérvia, antes do posto de controlo Ribartsi, e o segundo é antes do afluxo do rio em Struma, na região de Rajdavitsa. A investigação mostra que o teor de coliformes à saída do rio a partir da Sérvia é cerca de 50% superior ao teor de coliformes na Bulgária. O teor de coliformes é de 115 UT para a parte sérvia do rio e de 115 UT para a parte búlgara, apesar de ambos os valores estarem dentro dos limites normais e a água ser limpa de acordo com este indicador. Presumivelmente, os esgotos de Bosilegrad e das aldeias vizinhas são a razão para o teor mais elevado de bactérias.

Investigação sedimentológica

A investigação do sedimento está incluída no estudo devido ao facto de, na sua maioria, podermos observar diretamente os poluentes físicos do rio no sedimento. Utilizando um microscópio, encontrámos detritos antropogénicos (Sotirov и др., 2015). No seu conjunto, o sedimento do rio é limpo em função do teor de detritos antropogénicos. Muito raramente fragmentos como polietileno, plástico, metais, borracha, cerâmica, vidro, espuma de estireno, gesso, cal, cimento, tijolos e outros, que se encontram em aterros ilegais à volta dos nossos rios. Na região de Bosilegrad, na Sérvia, podem ser observados todos os tipos de resíduos, como pneus de automóveis, sacos e garrafas de polietileno, tijolos, cal, madeira, fezes, água da loiça e outros poluentes. A água do rio é turva e espumosa e, embora os seus parâmetros tenham valores anómalos, a 50-100 m após o canal os parâmetros da água começam a estabilizar e podemos observar muitos peixes, répteis e anfíbios. A quantidade de microdetritos antropogénicos no sedimento do rio na Sérvia é de cerca de 0-1%. Apenas nas zonas povoadas de Bosilegrad, Raichilovtsi e Mlekomintsi e em redor dos aterros sanitários existem locais com microdetritos, principalmente vidro e cerâmica, que atingem entre 5-6 e 10 % nas diferentes amostras. O polietileno é observado macroscopicamente.

Na parte búlgara do rio, os micro detritos antropogénicos presentes nas amostras sedimentológicas são em pequenas quantidades e estão mesmo ausentes na maioria das amostras. O sedimento é limpo em comparação com os rios vizinhos da bacia do Kyustendil, afluentes direitos do Struma como o Bistritsa, o Banshtitsa e o Novoselska. O teor de micro detritos antropogénicos aumenta rapidamente perto da aldeia de Dragovistitsa, onde existe uma barragem e o local é frequentemente visitado por pescadores e banhistas e é utilizado para lavagem e eliminação de resíduos. O teor de micro detritos na parte montanhosa do rio é de 0%, mas em Dragovishtitsa o sedimento do rio aumenta. Está presente em quantidades totais de 1%. Os restantes 9% são cerâmica vermelha, deitada fora pela fábrica de cerâmica de Dragovishtitsa. Há registos de dispersão da cerâmica vermelha depois de a fábrica chegar a Struma. Presumimos que não prejudica o ecossistema do rio, mas deve ter em conta que não se trata de um produto natural. Nos pontos após a fábrica de tijolos, nalguns locais encontra-se asfalto.

Como foi mencionado, na parte montanhosa do rio, os sedimentos são apresentados por grandes blocos, pedregulhos, cascalho e entulho. Os detritos são principalmente dioritos e pedras quebradas quaternárias.

Dados da monitorização biológica

Truta dos Balcãs *Salmo trutta.* A truta dos Balcãs só foi observada em território sérvio. O peixe é facilmente reconhecível pela sua forma específica e padrão de natação. Para isso contribuíram as águas límpidas durante o verão. O peixe é observado em cardumes de vários exemplares, de 2-3 a 10. O seu tamanho é de 16-20 cm. É observado em Lisina e Bosilegrad, onde a água está poluída com águas residuais. A maioria dos espécimes foi observada depois de Raichilovtsi, fora das zonas povoadas. Em território búlgaro, o peixe não é observado e os dados provêm de pescadores entrevistados que afirmam ter capturado o peixe entre Dolno Uyno e Goranovtsi. Há caçadores furtivos que pescam com dispositivos eléctricos. A razão para a pequena quantidade de truta dos Balcãs na Bulgária reside provavelmente nas elevadas quantidades de ácido cianúrico. A temperatura, a acidez e todos os restantes parâmetros medidos são adequados para a prosperidade da truta dos Balcãs. Este espécime é o principal bio-indicador de água limpa no projeto.

A truta arco-íris (americana) *Oncorhynchus mykiss* não é observada ao longo do rio, embora, segundo os pescadores e a população local, exista esse peixe. Se houver truta arco-íris, trata-se de uma espécie invasora do ecossistema do rio e as pessoas devem ter cuidado com a sua reprodução.

A truta *macedónia Salmo macedónica* só foi observada em Lisina. O tamanho do espécime era de 15-18 cm de comprimento.

Barbilhão preto *Barbus peloponnesius.* Esta é a espécie predominante observada durante o controlo. Encontra-se na parte sérvia e búlgara do rio, com 1 a 20 exemplares de 10 a 20 cm de comprimento. Este peixe não pode de forma alguma ser considerado um bioindicador de água limpa, uma vez que se encontrava em locais poluídos, em zonas povoadas, em redor de aterros sanitários e esgotos.

Vairão *Alburnoides bipunstatus.* Observado na Sérvia e na Bulgária, mas é de notar que o peixe se encontra longe de zonas povoadas e tem provavelmente o mesmo habitat que a truta dos Balcãs. O peixe-anão lança um jato de água sobre pequenos insectos perto da água, que caem no jato e o peixe come-os. Encontra-se frequentemente em cardumes de 20 e até mais de 100 exemplares com um tamanho semelhante que varia entre 1 e 10 cm. Os peixes foram contados em quantidade de exemplares por decímetro quadrado.

Phoxinus **eurasian minnow** (?) Determinado com incerteza. Foi capturado pela nossa equipa, medido e devolvido à água. Não se consegue distinguir quando está na água.

Chub europeu (chub) *Leuciscus cephalus.* Observados no curso inferior do rio depois de Dragovishtitsa, pares com 20 cm de comprimento. Segundo os pescadores locais, o chub europeu era mais comum no passado.

Gudgeon Gobio spp. Observado em Bosilegrad segundo os pescadores locais. Segundo eles, a subespécie *Romanogobio Kessleri* também se encontra no rio, mas este facto não foi confirmado na presente investigação.

Peixes indefinidos. Na maioria dos pontos foram observados cardumes de peixes ou seguidos pelo localizador de peixes utilizado. O mais provável é que se trate de peixes do tipo barbell ou riffle minnow. Foram encontrados tanto em zonas povoadas como longe delas. O seu tamanho varia entre 1 e 20 cm.

Garça-real *Ardea cinerea*. Incluída no Livro Vermelho da Bulgária. Precisa de muito peixe, o que constitui um bom indicador do estado do ecossistema do rio. Foi considerada extinta ao longo do rio. Apenas foi observado um exemplar na zona de Ribartsi. É possível que o mesmo espécime ou outro tenha sido observado perto da aldeia de Dragovishtitsa. A população local não está informada e pensa que a ave é uma cegonha-cinzenta.

Zoo e fito-bentos, bio-indicadores de água limpa

Recolhemos diferentes tipos de organismos bentónicos, mas como indicadores de águas límpidas são os seguintes *Amphipoda,* camarão de água doce *Branchiopoda,* larvas de insectos *Erhemeroptera larvae, Perla sp., Trichoptera larvae,* algas verdes *Chlorophyte*, algas castanhas *Phaeophyceae.*

Fig. 1. Localização da área estudada, *pontos de amostragem.

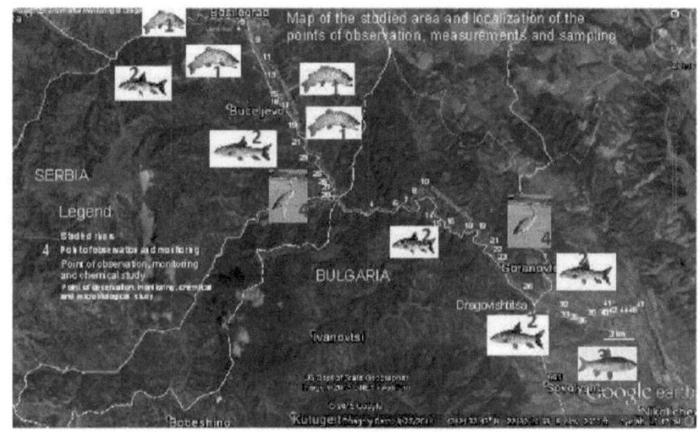

Fig. 2. Distribuição das principais espécies de peixes ao longo do rio Dragovishtitsa: 1- *Salmo trutta;* **2-** *Barbus peloponnesius;* **3-** *Leuciscus cephalus;* **4-** *Ardea cinerea* **(os números indicam os locais de medição e amostragem).**

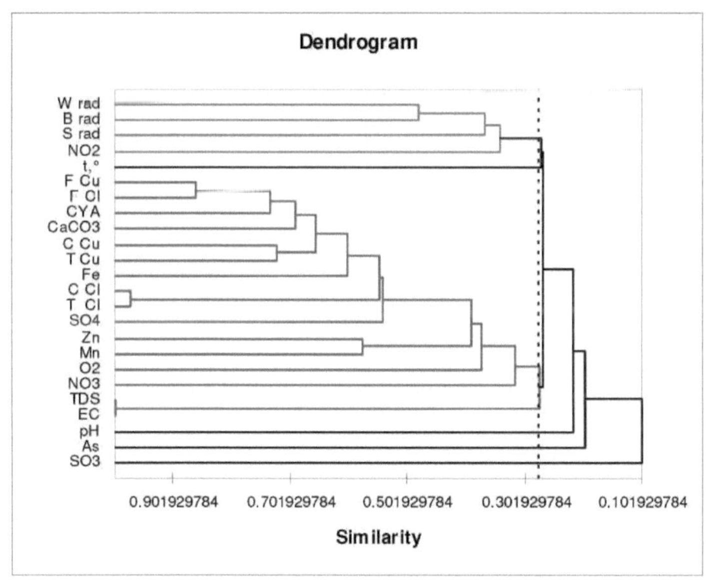

Fig. 3 Análise de clusters dos dados medidos.

Conclusão

O rio Dragovishtitsa corresponde ao tipo de rio de montanha R3, uma vez que os indicadores estudados cumprem as normas e a presença de diferentes elementos químicos é resultado das características naturais da região, com pequenas excepções para a CYS e os nitratos. Tendo em vista as tentativas de recuperação da população da truta dos Balcãs, é necessário prestar atenção ao teor de CYS na água, devido à sensibilidade deste peixe a este tipo de poluente. No troço sérvio do rio, a poluição provém principalmente dos canais de esgotos domésticos e do despejo ilegal de resíduos domésticos no leito do rio em Bosilegrad e nas aldeias a seguir Ribartsi, Rajcilovtsi e Mlekomintsi. Devido ao rápido fluxo de água que, durante algumas horas, é drenada desde o início do rio até à fronteira búlgara, estes tipos de poluentes são difíceis de reter e decompor, e a CYS é o produto final da sua decomposição. Localizado perto da fronteira da barragem hidroelétrica, a água é retida e a sua velocidade é quase igual a 0 m/s. O local é aberto e exposto ao sol. Talvez aqui estejam criadas as condições para a decomposição dos poluentes domésticos provenientes da Sérvia e começa a libertação de infiltrados e outros produtos de cisão que fazem parte da composição da CYS. A partir desta barragem, o poluente está presente de forma consistente nas amostras medidas, com poucas excepções. O aumento do conteúdo de CYS na parte baixa do rio é provavelmente auxiliado pela localização de numerosas fazendas (especialmente de gado) com grandes quantidades acumuladas de estrume e fábricas de agro-processamento ao longo do rio, algumas das quais observamos despejando esgoto no rio. Presume-se que, por esta razão, a quantidade de CYS aumentou mais de 3 vezes o limite de deteção da truta dos Balcãs e do camarão de água doce do rio Brachiopod - o alimento básico para os peixes. Nesta secção são também estabelecidos teores de sulfatos e nitratos em amostras individuais próximos das concentrações-limite determinadas pela diretiva comunitária relativa aos nitratos.

O sedimento do rio Dragovishtitsa é limpo, com baixo teor de micro e macro-resíduos antropogénicos. O teor de micro detritos antropogénicos é inferior a 1% apenas nos locais em redor das povoações e as lixeiras aumentaram ligeiramente. O maior poluente deste tipo de contaminante é Bosilegrad, onde se observam macro-resíduos domésticos, mas os micro-resíduos não são em grande quantidade, mesmo depois da fábrica de cerâmica vermelha na aldeia de Dragovishtitsa. Nestes locais, os resíduos atingem, nalguns pontos, até 100% nas planícies aluviais e até 10% no leito do rio, e o halo de distribuição chega até à sua entrada no rio Struma. Presume-se que este tipo de poluente não prejudica o ambiente porque é quimicamente estável, mas a estrutura que dá ao leito do rio e a sua topografia são diferentes das criadas naturalmente.

Em termos de microbiologia, a concentração de coliformes é muito baixa e a água é de boa qualidade. Depois de deixar a Sérvia e entrar na Bulgária, a quantidade medida de coliformes na água do rio Dragovishtitsa é 50% mais elevada do que no local onde desagua no rio Struma, embora o comprimento do rio na Bulgária seja maior. Bosilegrad e as aldeias mais afastadas são definidas como fontes de coliformes. Os principais bio-indicadores zoo e fitobentos mostram que o estado do ecossistema do rio é estável e está em boas condições. Mas o bioindicador mais importante, a truta dos Balcãs, só foi observado na parte sérvia do rio. Na secção búlgara, este peixe não foi observado (Fig. 2).

Referências

1. Bozhkov, V., Pechinova, M., Naidenov, N., Yankova, L., Stoimenova, N., Ncdyalkova, V. 2011. "Apoio à atividade da Direção da Bacia Hidrográfica da Região do Mar Ocidental-Blagoevgrad sobre a avaliação preliminar do risco de inundações, de acordo com a metodologia da Lei da Água da Bulgária. DHI Ltd., 157 pp. (Em búlgaro)

2. Tcheshmedzhiev, S. Marinov, M. (2008). Tipologia dos ecossistemas de água na Bulgária. Utilização da Diretiva da Água 2000/60/UE. Actas da conferência científica do Jubileu, Plovdiv, 1st novembro de 2008, 371-383. (Em búlgaro)

3. Zagorhcev, I., (1993). Nota explicativa para o mapa geológico da Bulgária M1:100 000, folhas pam K-34-058 Bosilegrad e Radomir. Comité de Geologia e Recursos Minerais, "Geologia e Geofísica" Ltd., 76 pp. (Em búlgaro)

4. Matev, I., Ganeva, D., Ganev, D. (2004). Ecologia. PenSoft, Sofia, 236 pp. (Em búlgaro)

5. Anton Sotirov, Dana Malwood, Nikola Pistalov, Oleg Vitov, Rositsa Vezenkova, Hristofor Skandaliev, Tomislav Skandaliev, Siana Savova. (2016). Monitorização ambiental do rio Dragovishtitsa, Bulgária (continuação). (2016). Actas da Conferência Científica Anual da Universidade Militar Nacional "Vasil Levski", em Veliko Turnovo, Bulgária, 20-21 de outubro de 2016, 2, 87-99, Издателски комплекс на НВУ "Васил Левски" ISSN 1314-1937.

6. Sotirov, A., Tabakov, G., Stoichkova, V., Yerusalimova, M., Yordanov, S., Taseva, R., Kulkina, L., Savova, S., Vezenkova, R., Kirilov, D., Eftimova, M., Velinov, D. (2015). Monitorização ambiental do rio Dragovishtitsa. Coleção da CES 2015 Décima Primeira Conferência Científica com Participação Internacional, Cosmos, Ecologia, Segurança, 4 - 6 de novembro de 2015, Sofia, Bulgária, Sofia. 334-341, ISSN 1313 - 3888.

7. Sotirov, A., Malwood, D., Pistalov, N., Vezenkova, R., Rasulski, T., Stanchev, L. (2014). Problemas ambientais da cidade de Kyustendil, Bulgária. Actas da Conferência Científica Anual da Universidade, Veliko Turnovo, Bulgária, julho de 2014.

8. Sotirov, A. (2014). Monitorização ambiental da cidade de Kyustendil Bulgária. E3 Journal of Environmental Research and Management, Vol. 5(2). pp. 019041.

9. Huthmacher, K., Most, D. (2005). "Ácido cianúrico e cloreto cianúrico". Enciclopédia de Química Industrial de Ullmann", Wiley-VCH, Weinheim. Doi 10.1002/14356007.a08 191.

10. Organização Mundial de Saúde, Documento de referência para o desenvolvimento das Directrizes da OMS para a Qualidade da Água Potável. (2004). U.S. Food and Drug Administration, "Interim Melamine and Analogues Safety/Risk Assessment; Availability", Federal Register: 30 de maio de 2007 (Volume 72, Número 103).

CAPÍTULO 4. MONITORIZAÇÃO AMBIENTAL DA CIDADE Kyustendil, Bulgária

Sotirov, A. (2014a,b)

Resumo

A presente investigação fornece informações sobre alguns parâmetros do ambiente na cidade de Kyustendil, Bulgária. Os parâmetros são escolhidos com base no objetivo principal do estudo - receber informações sobre o estado dos recursos hídricos, precipitações, solos, radiação de fundo e ar na cidade e tomar decisões e conclusões.

Foram efectuadas medições da precipitação, do solo, da água e da radiação todos os dias durante um período de 2 anos e medições sazonais (inverno e verão) do rio Banshtitsa.

Foi escolhido o método de medição "in-situ", no terreno, através de amostragem direta "grab samples", porque a vantagem do método é a elevada autenticidade, correção e precisão das investigações. A utilização de instrumentos digitais é preferida, devido às suas possibilidades de medições rápidas, cómodas e precisas dos parâmetros estudados.

Não existem referências ou dados públicos para estudos ambientais científicos ou práticos da região. As investigações foram efectuadas apenas nas regiões próximas da cidade, na zona mineira da montanha de Osogovo. Os dados publicados para a monitorização ambiental da área urbana da cidade de Kyustendil, Bulgária, são publicados apenas pelo autor.

Palavras-chave: monitorização ambiental, solo, ar, radiação, água

Antecedentes

A cidade de Kyustendil está situada na Bulgária Ocidental, perto da montanha Osogovo. Situa-se na parte central da Península Balcânica, a uma altitude de 512 m. O clima da cidade é de transição entre o continental e o mediterrânico. As precipitações não são muito intensas, uma vez que a sua quantidade anual é de cerca de 589 mm. Têm uma distribuição quase igual por estações. A neve cai normalmente de novembro a março, com uma espessura média de 30 cm e uma duração de cerca de 15 dias. Mas existem muitas fontes de água na região em redor da cidade - rios, nascentes, lagos, água mineral e subterrânea [1].

O rio Banshtitsa nasce na montanha Osogovo, situada na parte central da Península Balcânica, e desagua no rio Struma, atravessando longitudinalmente a cidade de Kyustendil. Corre de sudoeste para nordeste. O comprimento do rio é de 11 km [1]. No quadro da cidade de Kyustendil, o leito do rio é corrigido como traços de uma linha quase reta. O leito do rio é coberto artificialmente com fragmentos de pedra de natureza diferente - sienito, granito, gnaisse, sílex e xisto. Há um intervalo do rio, que está coberto de betão (intervalo com bueiros) com um comprimento de 300 m. A monitorização ambiental do rio Banshtitsa não foi feita até agora. As instituições governamentais e municipais não dispõem de quaisquer dados sobre os parâmetros da água. Não existem dados de referência ou públicos para estudos científicos ou práticos. As investigações foram efectuadas apenas nas regiões próximas do rio, na zona mineira da montanha de Osogovo [2].

Até à data não foram efectuadas investigações sobre o tema do presente estudo. Os dados publicados sobre a monitorização ambiental da área urbana da cidade de Kyustendil, Bulgária, foram publicados apenas pelo autor [3, 4].

Parte teórica

A monitorização ambiental é o processo de observação e controlo do estado do ambiente em todas as suas componentes (ar, água, solo, rochas, ecossistemas e espécies biológicas) e o alerta para situações críticas, danosas ou perigosas para o ambiente ou para as pessoas. É estabelecida uma rede de estações (pontos) para a recolha de dados sobre o estado do ambiente no território de todo o país. Os locais das estações são determinados numa base científica. Normalmente, as estações estão localizadas em torno de fontes de contaminação. É uma regra que a amostragem deve ser feita para todos os componentes do ambiente - ar, águas superficiais e subterrâneas, solo, rochas, etc. A monitorização geralmente dá-nos uma imagem sobre a condição atual do sistema ou objeto estudado, mas quando comparada com dados de monitorização anterior, podemos receber informações fiáveis sobre as tendências futuras do sistema observado. Um monitoramento bem organizado garante um importante conjunto de dados, necessários para a modelagem estatística do objeto ou sistema estudado [5].

Métodos

Os métodos são escolhidos de acordo com o Sistema Nacional de Monitorização Ambiental da Bulgária, que mantém uma base de dados informativa a nível nacional e regional. O Sistema Nacional de Monitorização Ambiental implementa observações permanentes em muitas estações estáticas e móveis.

A presente investigação fornece informações sobre alguns parâmetros do ambiente na cidade de Kyustendil, Bulgária. Os parâmetros são escolhidos com base no objetivo principal do estudo - receber informações sobre o estado dos recursos hídricos, precipitações (chuva, neve, granizo), solos e ar na cidade e tomar decisões e conclusões.

Foram efectuadas medições da precipitação durante 1 ano e medições sazonais (inverno e verão) do rio Banshtitsa, que atravessa a cidade.

A recolha da chuva e da neve é efectuada em vidros graduados esterilizados, numa base de 2 m de altura, num ponto da cidade.

A presente investigação inclui medições dos parâmetros físicos da água do rio Banshtitsa na parte urbana da cidade de Kyustendil. São recolhidas amostras e efectuadas medições em intervalos de 250 m ao longo do rio e, desta forma, é feita a monitorização ambiental num intervalo de 3 km.

A medição é efectuada com o instrumento "Hanna" HI9813-6. Mede-se a acidez da água (pH), a temperatura da água (t,°C), a condutividade (EC, µS), o total de sólidos dissolvidos (TDS, ppm), uma vez que a calibração preliminar do instrumento foi efectuada com soluções de calibração.

Outro instrumento utilizado para o estudo da água do rio é o fotómetro espetral (tintómetro) "Lovibond". Com este instrumento são determinados: cloro livre, total e combinado Cl, acidez pH, ácido cianúrico CYS, alcalinidade total $CaCO_3$, cobre livre, total e combinado Cu, e ferro Fe. O teor de nitratos e nitritos na água e nos solos é determinado através de um papel de teste indicador com um intervalo de 0-1025-50-100-250-500 mg/l. A acidez do solo é determinada com um papel de teste indicador de pH com uma gama de pH=1-14. A radiação do ar e da água também foi medida com o aparelho "Radex" RD1503. O equipamento de monitorização foi adquirido com a ajuda do Programa Operacional "Desenvolvimento de Recursos

Humanos" dos Fundos Estruturais da UE.

Os parâmetros do ar são medidos com o instrumento "Drager" X-AM7000 para CH_4 , CO, H_2, e O_2. O teor de CH4 e CO_2 é também medido com o interferómetro "SHI-11". A concentração de SO2 no ar é medida pelo instrumento "Crowcon Gasman". Os estudos microscópicos foram feitos com microscópio estéreo "CETI" (STAR-24ED) com ampliação x40 com luz reflectida e transmitida com câmara de vídeo digital "Globecam" D e programa de computador "Image Driving Software" DCE-2.

Foi escolhido o método de medição "in-situ", no terreno, através de amostragem direta "grab samples", porque a vantagem do método é a elevada autenticidade, correção e precisão das investigações. A utilização de instrumentos digitais é preferida, devido às suas possibilidades de medições rápidas, cómodas e precisas dos parâmetros estudados.

Resultados e discussão

1. Resultados da medição dos parâmetros das precipitações.
Durante o período de 12 meses estudado, 50 dias tiveram intensidade de chuva (neve) suficiente para a realização das medições. As precipitações com pH<5 foram consideradas ácidas [6]. Trata-se da chuva e da neve nos dias 5th e 21st de janeiro de 2009, da neve no dia 19th de fevereiro, da neve intensa nos dias 20th , 21st e 22 de março, bem como da chuva intensa no dia 3rd de abril de 2009. Houve também 7 dias com pH cerca e um pouco mais de 5,0, que determinámos como pouco ácido. A razão provável para a elevada acidez da chuva e da neve é a utilização de carvão para aquecimento doméstico durante o inverno. O carvão é uma fonte tradicional de aquecimento na nossa cidade, porque existem muitos depósitos de carvão à volta. O município de Kyustendil tem 26 000 agregados familiares e apenas cerca de 6000 são gaseificados, de acordo com o município. Os agregados familiares utilizam cerca de 1,5 toneladas de carvão por inverno, de acordo com este inquérito através do método de entrevista. Foram entrevistadas 60 pessoas da cidade sobre a fonte de aquecimento e a sua quantidade. A maioria das famílias utiliza carvão com elevado teor de cinzas (~30 ppm) e enxofre (cerca de 7 ppm) dos depósitos de carvão mais próximos, Pernik, Bobov dol e Katrishte. Desta forma, cerca de 2000 t de SO2 são deitadas fora no estreito gado de Kyustendil. As fábricas de asfalto mais próximas também podem ser uma possível fonte de contaminação. A terceira possível fonte de contaminação

da atmosfera com SO2 é o facto de a cidade se encontrar na zona de 30th quilómetros da central eléctrica de Bobov dol. Um facto interessante é que quando a fábrica de asfalto parou a sua produção, a acidez das chuvas voltou ao normal.

Não existe uma relação estabelecida entre a acidez das precipitações e a temperatura do ar durante o inverno. É evidente que a quantidade de carvão consumida por cada família é praticamente a mesma todos os dias. Mas existe uma relação entre a temperatura do ar e o Enxofre Total Dissolvido (TDS). Quando a temperatura sobe, o teor de TDS também aumenta. Obviamente, a solubilidade das partículas finas de enxofre é melhor a altas temperaturas. Por esta razão, é provável que a acidez da chuva na cidade de Kyustendil provenha principalmente do ácido sulfúrico formado na atmosfera. Outro parâmetro medido é a condutividade da chuva e da neve, que é um indicador da presença de mistura na água. A sua quantidade não é muito elevada, mas verificámos a presença de microelementos, que provavelmente são o resultado de poeiras e cinzas no ar, resultado da queima de carvão e do transporte. Não foi estabelecida uma relação entre a temperatura do ar e da chuva com os outros parâmetros medidos (Fig. 1).

2. Resultados das medições da água do rio Banshtitsa

2.1 Acompanhamento do verão de 2009

Durante a monitorização no verão foram medidos valores de acidez da água diferentes dos medidos no inverno. Em geral, a água durante o verão tem uma alcalinidade mais elevada, provavelmente devido à elevada concentração de produtos químicos de lavagem provenientes dos canais que desaguam no rio e à utilização de fertilizantes nos jardins e quintas de ambas as margens do rio. A acidez nesta altura variava entre pH=7,3 (apenas num ponto, mais uma vez a acidez era mais elevada no complexo habitacional "Este") e pH=8,7 (imediatamente após o intervalo de descarga).

A condutividade eléctrica (CE) e o total de sólidos dissolvidos (TDS) foram quase iguais às medições de inverno, o que significa que o teor de sal e minerais e o TDS têm uma origem quase permanente durante as estações. A quantidade de sólidos totais dissolvidos durante o verão é mais elevada no complexo habitacional "Este", onde as cinzas de carvão formam grandes aterros. No início da cidade, o teor de sólidos na água não é muito elevado, porque o aterro ilegal foi limpo pela Câmara Municipal na sequência da nossa publicação. Durante as medições de verão, verificou-se de novo uma anomalia na temperatura da água abaixo do intervalo de escoamento - quase -1,5° C.

A radiação elevada da água foi detectada no início da cidade, exatamente no local do antigo aterro ilegal e da água da parte do rio que foi cortada (0,32-0,36 μSv/h). Outro local com maior radiação da água é o local de despejo de cinzas de carvão no complexo habitacional "Leste" (0,24 μSv/h).

A análise de agrupamento das medições de verão mostra uma elevada relação entre a CE, o TDS e a temperatura da água. Provavelmente, a solubilidade dos sólidos e dos minerais salgados torna-se melhor com o aumento da temperatura.

Foram detectados problemas na parte do rio que foi objeto de uma conduta. As fissuras e as fugas de água poluída no betão causarão problemas no futuro. Um dos canais provenientes do centro da ZPE da cidade apresentava uma acidez muito elevada, com pH~4. A razão provável para esta acidez é a utilização de produtos químicos provenientes da empresa.

2.2 Monitorização da água do rio Banshtitsa no inverno

A acidez da água é normal, com pH=7,5. O conteúdo mineral diminuiu, bem como o total de sólidos dissolvidos. Os teores de nitritos e nitratos são normais para as águas superficiais, de acordo com a Diretiva Nitratos da UE ~10-25 mg/l. A alcalinidade total $CaCO_3$, o cloro Cl, o cobre Cu e o ferro Fe também estão dentro dos valores normais. Foi medida a presença de ácido cianúrico CYS, que faz parte dos desinfectantes, da solução de branqueamento, dos pesticidas e de outros produtos químicos utilizados na indústria. Na natureza, o ácido cianúrico existe na água contaminada e nos fluxos de resíduos das fábricas que produzem ácido cianúrico.

Durante as medições de inverno, verificou-se a contaminação dos canais que desaguam no rio. Na água proveniente dos canais foram medidas concentrações elevadas de todos os parâmetros, incluindo TDS, alcalinidade total e ácido cianúrico. Existe uma relação entre os locais de amostragem e o seu conteúdo. Por exemplo, o local do antigo aterro ilegal é rico em nitrato NO_3^-, Cu e Fe. A parte do rio que foi cortada por uma conduta é caracterizada por um elevado teor de nitrato NO_3^-, cloro Cl e ácido cianúrico. O ponto após a parte do rio que foi cortada por uma conduta tinha novamente um nível de radiação elevado.

Foi também medida a água a 5 m de profundidade numa perfuração perto do rio. A água tem uma alcalinidade total elevada e está contaminada com TDS 1742 ppm e nitrato 250 mg/l. A água não é adequada para beber.

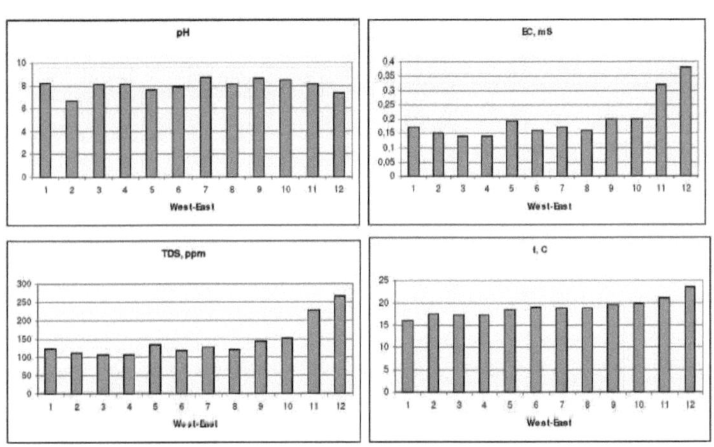

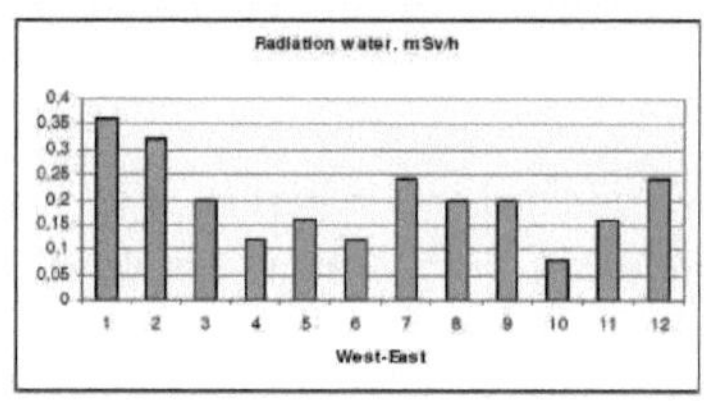

Radiation water, mSv/h

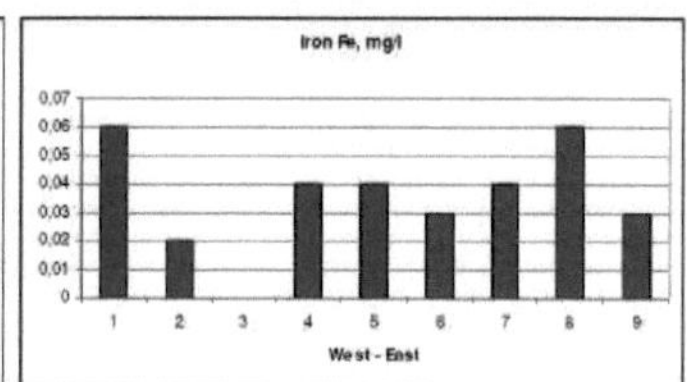

Iron Fe, mg/l

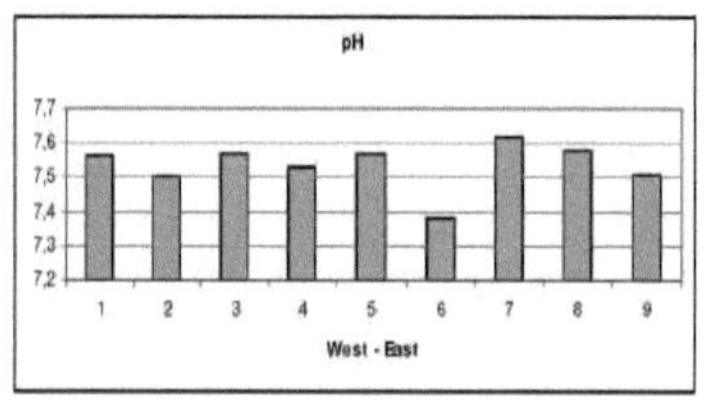

pH

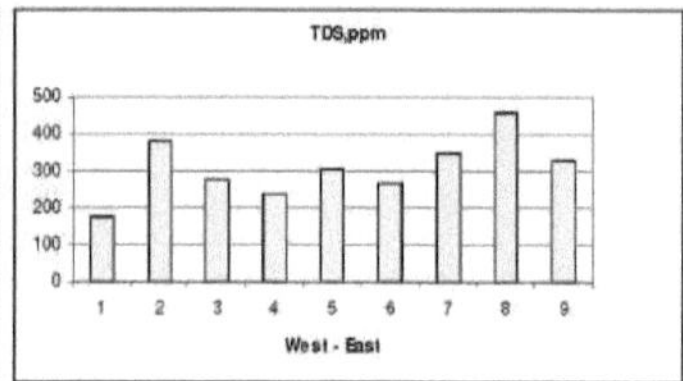

TDS, ppm

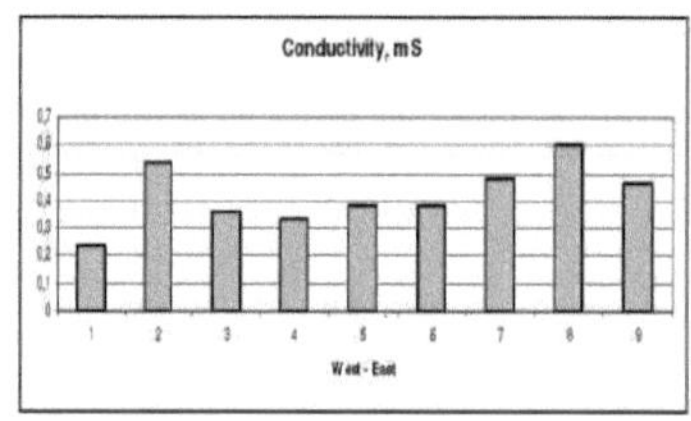

Conductivity, mS

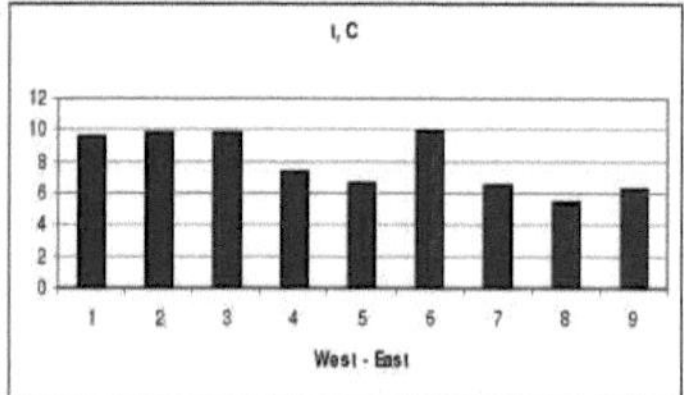

t, C

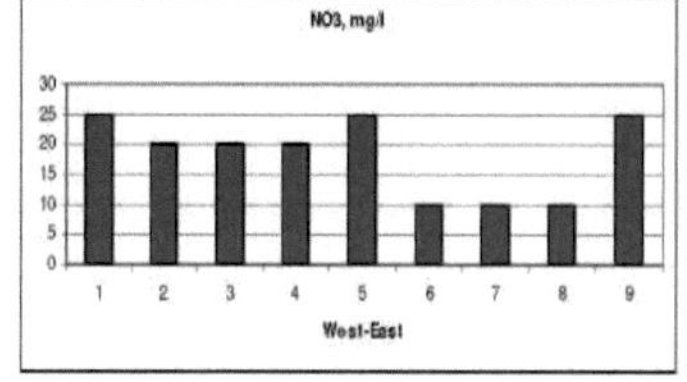

NO3, mg/l

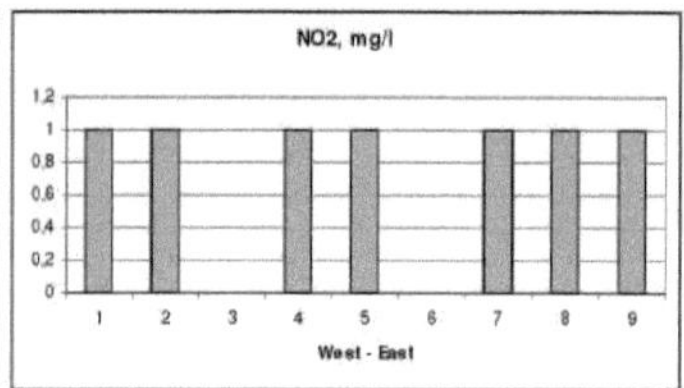

NO2, mg/l

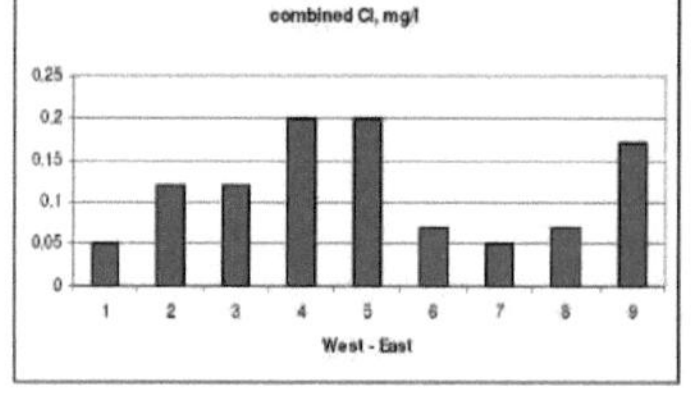

combined Cl, mg/l

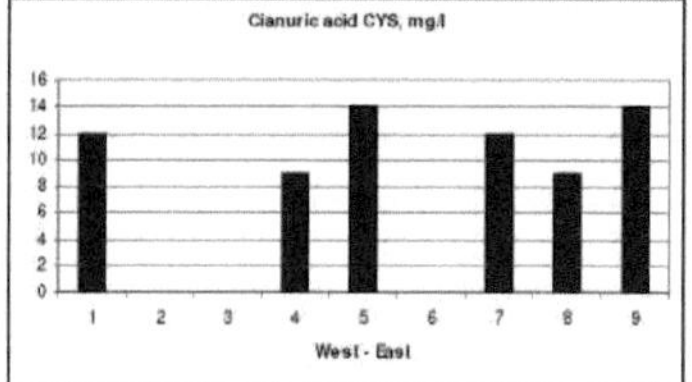

Cianuric acid CYS, mg/l

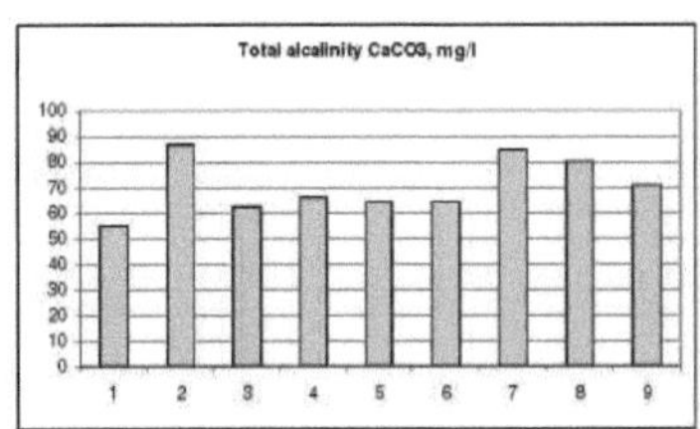

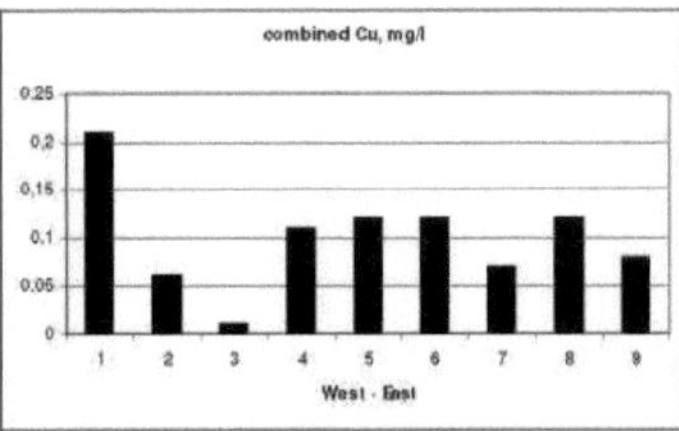

Fig. 1. Parâmetros medidos da água do rio Banshtitsa durante o período de inverno.

3. Resultados das medições dos parâmetros do solo na cidade

A acidez dos solos da cidade de Kyustendil é normal pH=5,5-7,5. Alguns pontos apresentam uma acidez elevada, provavelmente em resultado da atividade humana. Este facto é visível na localização das amostras. Por exemplo, o solo em redor do centro comercial "Europa", a lavagem de carros perto do rio e o jardim perto da fábrica de calçado têm uma acidez de pH=5,5. O solo na estação de serviço "Shell" e no monumento de "Ilio Voivida" tem uma acidez muito elevada pH=4,0 e uma radiação elevada. O sedimento do rio Banshtitsa tem a alcalinidade mais elevada.

No solo da estação de serviço "Shell", do parque florestal "Hisarlaka" e do hotel "Velbujd" encontram-se concentrações elevadas de nitrato NO_3^- e de nitrito NO_2, que se encontram quase no nível crítico de acordo com a diretiva relativa aos nitratos da União Europeia (91/676/EEC). Os solos nas zonas centrais da cidade têm nitratos 3 vezes mais do que os valores limite permitidos. É provavelmente o resultado da utilização excessiva de fertilizantes artificiais por parte dos funcionários municipais.

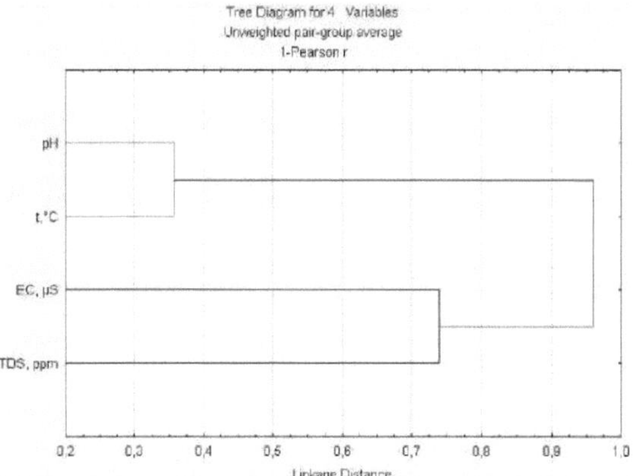

Fig. 2. Análise de Clusters - medição de verão (nível de fronteira 0,43).

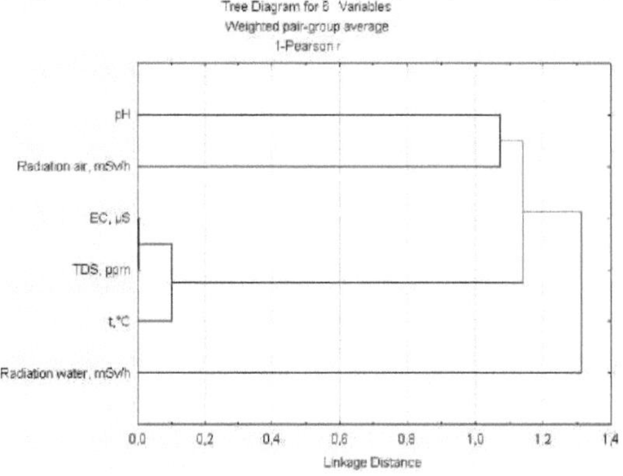

Fig. 3. Análise de Clusters - medição de verão (nível de fronteira 0,43).

4. Resultados da medição do teor de gases na atmosfera da cidade

O ar da cidade de Kyustendil caracteriza-se por um elevado teor de poeiras. Os locais mais contaminados são o cruzamento na piscina da cidade e o cruzamento na Ponte de Ferro, onde a concentração de hidrogénio é de 20 ppm e a de óxido de carbono de 10 ppm. A radiação mais elevada foi medida no cruzamento do complexo habitacional "Kapiya" 0,28 µSv/h. A contaminação muito baixa é estabelecida em torno do complexo habitacional

"Kaufland" e do complexo habitacional "Mogilata".

5. Resultados da medição da radiação de fundo comum na cidade de Kyustendil

A radiação de fundo normal da cidade é de 0,16-0,20 µSv/h, de acordo com dados do Departamento de Proteção Civil da Bulgária. De acordo com o Sistema Nacional Automatizado para o controlo permanente da radiação gama de fundo na Bulgária (RaMo), estabelecido em 1997, a radiação de fundo normal na Bulgária varia entre 0,06 e 0,60 µSv/h. Para o período de 12 meses, estabelecemos que, durante 2009, quase ½ parte dos dias, o fundo de radiação era normal e a outra metade dos dias do ano estava com radiação mais alta, como às vezes foi para o nível de alarme 0,32-0,36 µSv/h ou superior.

No geral, a situação da radiação na nossa cidade é normal e não observámos grandes anomalias, que possamos relacionar com a atividade humana. A área montanhosa perto da cidade tem normalmente radiação de cerca de 0,60 µSv/h, porque é construída pelo sienito plutónico de Osogovo. Observámos que os meses do ano com uma situação atmosférica mais estável têm mais dias com radiação normal - fevereiro, abril, maio, julho, agosto e setembro. Mas os meses com neve e trovoadas como janeiro, março e junho têm um nível elevado de radiação de fundo. Podemos explicar isso com o aumento da intensidade das fontes de radiação de ionização na atmosfera durante estes meses como resultado do fenómeno meteorológico.

Observa-se que, em caso de terramoto, a radiação de fundo aumenta na mesma data ou 1-2 dias antes.

Não existe uma relação estabelecida entre a temperatura do ar, a potência da atividade solar, a parte do dia e a radiação de fundo comum.

Conclusões e decisões

Conclusão e decisão sobre a acidez das precipitações em Kyustendil

O carvão é utilizado para aquecimento doméstico na região de forma muito intensiva desde 1990. Até 1990, a maioria dos agregados familiares utilizava mazute e nafta. Depois de 1990, o carvão passou a ser utilizado principalmente devido ao seu baixo preço. Nos últimos 10 anos, uma parte das habitações foi gaseificada. Provavelmente, uma das decisões para diminuir a poluição do ar e a acidez das chuvas é a gaseificação da cidade. Outra forma de proteção do ambiente urbano é a utilização de fontes de energia renováveis - solar, eólica e geotérmica. A elevada acidez das precipitações durante o inverno e a primavera provocou colheitas agrícolas pobres e doentes. Para a proteção da biodiversidade da região, é importante resolver o problema do aquecimento doméstico para diminuir os gases com efeito de estufa na atmosfera da cidade, que causam a elevada acidez das chuvas. Os solos do gado de Kyustendil são naturalmente ácidos com pH=5,5-6,5 e as chuvas ácidas podem quebrar a delicada fronteira de pH=5,0, onde as árvores de fruto vivem com dificuldade e a riqueza tradicional da região pode perder-se.

Decisões e conclusões sobre os problemas ambientais do rio Banshtitsa

Uma das decisões mais importantes é que a sociedade e as instituições sejam informadas sobre o problema ecológico estabelecido. Como resultado do estudo implementado, sugerimos as seguintes decisões:

1. Construir uma estação de tratamento de águas residuais no local onde o rio entra na cidade, com o objetivo de melhorar a ecologia do ambiente urbano e diminuir os maus cheiros provenientes do rio. Isto pode ser feito com a ajuda dos fundos europeus.

2. Os canais domésticos e comerciais observados devem ser conduzidos para a rede de esgotos central.

3. O leito do rio deve ser limpo dos resíduos despejados.

4. Na saída do rio da cidade, o leito do rio deve ser limpo das cinzas de carvão despejadas e devem ser tomadas medidas para resolver o problema das águas residuais domésticas e dos aterros ilegais no complexo habitacional pobre "Leste".

5. O município de Kyustendil deve apresentar aos habitantes contentores especiais não combustíveis para a recolha das cinzas de carvão e a sua deposição em aterros especiais, por exemplo, o depósito de cinzas de carvão da central eléctrica "Bobov dol".

6. O município de Kyustendil deve elaborar uma estratégia para reduzir a utilização de combustíveis fósseis (carvão) no aquecimento doméstico.

7. Deve ser realizada uma investigação pormenorizada para determinar as

razões da elevada radiação da água e determinar se se trata de um processo natural ou de um resultado da atividade humana e tomar medidas. Após a limpeza do aterro, que é atravessado pelo rio, os valores de radiação não se alteraram e voltaram a ser mais elevados do que o fundo radioativo natural.
8. Por último, a Câmara Municipal da cidade tem de alterar a sua decisão de fechar o rio para a construção de parques de estacionamento e centros comerciais.

Decisões e conclusões sobre a contaminação do solo

As hortas ao longo do rio têm concentrações normais de nitrato, nitrito e acidez normal. Isto significa que os habitantes da cidade não utilizam muitos fertilizantes artificiais e produtos químicos, mas os jardins e parques que são propriedade do Município têm uma elevada concentração de nitratos. Esperávamos resultados opostos. Os locais de comércio também são contaminantes dos solos, por exemplo, as estações de serviço, os salões de beleza, as lavagens de automóveis, as fábricas e outros. Os solos destes locais caracterizam-se por uma elevada acidez e concentrações de nitratos e nitritos. A administração municipal deve tomar medidas contra estas contaminações.

Decisões e conclusões sobre a contaminação do ar na cidade

A principal caraterística do ar é o elevado teor de poeira, que resulta dos trabalhos de escavação para mudar o sistema de drenagem da cidade. O principal erro é a utilização dos resíduos da indústria mineira de chumbo-zinco para encher as escavações com os tubos de drenagem. Os resíduos da indústria mineira não são adequados para o revestimento de condutas de água potável. As medições mostram que vários cruzamentos da cidade estão contaminados com alguns gases, que são o resultado do transporte. Dois cruzamentos apresentam concentrações elevadas de hidrogénio 20 ppm e de dióxido de carbono 10 ppm. Todos os outros cruzamentos têm uma contaminação de gás mais baixa.

Decisões e conclusões sobre a radiação de fundo comum

Como resultado das medições efectuadas, podemos dizer que a radiação de fundo na cidade é normal. Varia entre os valores normais 0,16-0,20 µSv/h. Apenas em alguns dias atinge o nível de alarme de 0,36 µSv/h ou um pouco mais, mas provavelmente é o resultado de dias com alto nível de radiação ionizante natural, provocado por fenómenos naturais - meteorológicos ou geológicos como neve, trovoadas, terramotos. Outra razão poderá ser a influência do sienito plutónico de Osogovo que se encontra próximo da cidade.

A radiação da chuva e da neve no período estudado também é normal, mas em caso de trovoadas, chuva forte e neve, a radiação da água aumenta e normalmente atinge o nível de alarme 0,36 µSv/h ou ultrapassa o nível de alarme 0,44 µSv/h em casos de granizo.

A radiação das águas superficiais do rio Banshtitsa é elevada e não conseguimos determinar exatamente a razão para tal. Provavelmente trata-se de um processo natural, devido ao facto de o rio nascer e correr através do sienito plutónico de Osogovo. Mas, por outro lado, os pontos de maior radiação estão situados em locais com elevada contaminação da água - o aterro ilegal, o intervalo com bueiros e o canal. Também no complexo habitacional "Iztok", onde existe um local para despejo de cinzas de carvão, a radiação da água foi novamente muito elevada. Medimos a radiação de 0,36 µSv/h em todos os pontos acima mencionados, apesar da baixa radiação do ar nestes locais.

A água de nascente, mineral e potável estudada na cidade tem valores normais de radiação 0,20 µSv/h. A radiação dos solos também é normal, com exceção de um ponto, onde medimos 0,36 µSv/h.

Referências

Ivanchev, E. Kyustendil. Publ. House „Jakov Kraikov", (1996), 98 p.

Dimitrov, K., Peichev, A., Radenkov, K., Sotirov, A., Gaberov, V., Deianovski, K., Bojinovski Z., Yakimovska, D. Monitorização ambiental das zonas mineiras de chumbo-zinco na parte búlgara e macedónia da montanha Osogovo. Conferência Científica Anual da Sociedade Geológica Búlgara "Geologia 2004", Sofia, Bulgária, dezembro de 2004.

Sotirov, A. (2014a). Monitoramento ambiental da cidade Kyustendil Bulgária. E3 Journal of Environmental Research and Management, Vol. 5(2). pp. 019-041, ISSN 2141-7466.

Sotirov, A., Malwood, D., Pistalov, N., Vezenkova, R., Rasulski, T., Stanchev, L. (2014b). Problemas ambientais da cidade de Kyustendil, Bulgária. Anais Conferência Científica Anual da Universidade, Veliko Turnovo, NVU "V. Levski", Bulgária, julho de 2014, 5, 60-74, Издателски комплекс на НВУ "Васил Левски" ISSN 1314-1937.

Sotirov, A., Vezenkova. R., Pistalov, N., Velkova, D., Vasileva, E., Yulianova, Y., Yordanov, S., Yerusalimova, J., Taseva, R. Acidez das precipitações em Kyustendil e sua influência na agricultura. 2nd Conferência Nacional de Estudantes da Universidade de Florestas, Yundola, março de 2010.

Sotirov, A., Pistalov, N., Vezenkova. R., Simeonov, V., Paskov, S. e Yordanov, S. Monitorização ambiental do rio Banshtitsa, cidade de Kyustendil. Actas da Conferência Anual da Sociedade Geológica da Bulgária "Geociências 2008", 137-138.

Simeonova, P., Lovchinov, V. Introdução à física do ambiente. Avangard Prima, Sofia, (2008), 433 p.

Glaxo, Smith, Kline. Science across Europe, Acid Rain Over Europe, (2009), 72 p.

CAPÍTULO 5. MONITORIZAÇÃO AMBIENTAL DOS CAMPOS MINEIROS DE CHUMBO-ZINCO NA PARTE BÚLGARA E MACEDÓNIA DA MONTANHA DE OSOGOVO

(Dimitrov et al., 2004)

Resumo

Este estudo apresenta os resultados do projeto №98-BG/MK-03S02, gerido por Kamen Dimitrov, financiado pelo Programa PHARE Credo da União Europeia e executado pela Agência para o Desenvolvimento Regional - Kyustendil, Sociedade para a Proteção da Natureza na Bulgária, Sociedade Ecológica "Flora"-Macedónia e Município Kriva Palanka-Macedónia. O estudo resume os dados de 90 amostras de ar, solo e água recolhidas em 55 pontos de ambos os lados da fronteira entre a Bulgária e a Macedónia. O objetivo deste estudo é determinar o grau de contaminação do ambiente do gado de Kamenichka, das encostas setentrionais da montanha de Osogovo e do vale do rio Kriva reka, situados nas zonas fronteiriças do município de Kyustendil, na Bulgária, e do município de Kriva Palanka, na Macedónia.

Estado das águas. As condições da água dos rios Lebnitsa, Bistritsa e Kriva reka satisfazem as condições para cursos de água da categoria II. As concentrações de chumbo, cádmio, nitritos azotados, manganês, cianetos e cobre na água são mais elevadas do que o nível de fundo do ambiente. As concentrações de chumbo, cádmio, manganês e produtos químicos insolúveis em muitas amostras excedem as concentrações de rutura admissíveis (PBC). Estado do ar. O presente estudo estabeleceu que a contaminação por poeiras nas áreas em redor da fábrica de enriquecimento de minério e do aterro sanitário perto da aldeia de Gyueshevo, na Bulgária, é elevada. A amostragem foi efectuada em tempo ventoso. Os ventos poeirentos são um fenómeno frequente na área estudada. A composição da poeira é a mesma que a do minério e dos resíduos de minério. A quantidade de poeiras na atmosfera em tempo não ventoso é inferior às concentrações de rutura permitidas (PBC) nas áreas acima mencionadas, bem como na área da fábrica de enriquecimento de minério "Toranitsa"-Macedónia.

Estado do solo. Os solos das zonas estudadas apresentam concentrações de chumbo e zinco que excedem as concentrações de rutura admissíveis para os metais pesados (PBC). Os solos em torno do plano de enriquecimento de minério e da instalação de purificação para o abastecimento cíclico de água do aterro, situados no vale do rio Lebnitsa, são caracterizados por concentrações de metais pesados que excedem a PBC. A zona aluvial de dois quilómetros próxima do aterro, situada no vale do rio Kriva reka, está altamente contaminada. A concentração de cobre é inferior ao PBC em solos com todos os tipos de acidez. Algumas zonas estão contaminadas com cádmio.

As áreas em redor das instalações de enriquecimento de minério e dos aterros sanitários estão gravemente contaminadas. A contaminação estabelecida com chumbo e zinco é definitivamente um resultado da atividade das minas de chumbo-zinco nestas áreas. No entanto, devemos assinalar que o fundo litogeoquímico natural dos elementos perigosos estudados é elevado na montanha de Osogovo.

Palavras-chave: *elementos perigosos, monitorização ambiental, minério de chumbo-zinco*

Material e métodos

As amostras de água foram colhidas três vezes durante o período outono-inverno do segundo nível de água baixo, durante o período do nível de água alto da primavera e durante o nível de água baixo do verão. As amostras foram resumidas, uma vez que foram recolhidas durante um período de cinco horas, com intervalos de uma hora. A quantidade de cada amostra foi de 1 litro.

A medição da temperatura do ar e da água foi efectuada em paralelo com a amostragem. As amostras de ar foram recolhidas em diferentes estações do ano e locais - perto dos campos de extração de minério, das instalações de enriquecimento de minério, dos aterros sanitários e dos locais de habitação mais próximos. O método de aspiração para a amostragem do ar foi utilizado para a determinação da concentração de poeiras com uma exposição de 120 minutos. /A margem de erro relativa do método de análise utilizado situa-se dentro dos limites de 3-5%.

Foram recolhidas 18 amostras de solo da parte búlgara e 18 da parte macedónia da montanha de Osogovo do horizonte A do solo. As amostras de terras não agrícolas foram colhidas a uma profundidade de 0-10 cm, mas as amostras de terras agrícolas foram colhidas a uma profundidade de 0-20/25 cm. As análises laboratoriais de metais pesados foram efectuadas de acordo com a Norma Estatal Búlgara - BDS 17.4.4.02-80. As amostras foram tratadas com HF e HClO4 e as medições das concentrações dos elementos foram feitas com um espetrómetro de absorção atómica Perkin-Elmer 4100.

Resultados e discussão

Condições da água durante o período de estudo. As condições da água dos rios Lebnitsa, Bistritsa e Kriva reka satisfazem as condições para cursos de água da categoria II. As concentrações de chumbo, cádmio, nitritos azotados, manganês, cianetos e cobre na água são mais elevadas do que as concentrações de fundo do ambiente. As concentrações de chumbo, cádmio, manganês e produtos químicos insolúveis em muitas amostras excedem as concentrações de rutura admissíveis (PBC) (Quadro 1).

Estado do ar. O presente estudo estabeleceu que a contaminação por poeiras nas áreas em redor da fábrica de enriquecimento de minério e do aterro sanitário perto da aldeia de Gyueshevo - Bulgária é elevada. A amostragem foi efectuada durante o tempo ventoso. Os ventos poeirentos são um fenómeno frequente na área estudada. A composição da poeira é a mesma que a do minério e dos resíduos de minério. A quantidade de poeira na atmosfera durante o tempo não ventoso é inferior às concentrações de rutura permitidas (PBC) nas áreas acima mencionadas, bem como na área da fábrica de enriquecimento de minério "Toranitsa"-Macedónia. A concentração de poeiras medida na parte búlgara de Osogovo situou-se entre 187,5 $\mu g/m^3$ e 897,5 $\mu g/m^3$, uma vez que o PBS é de 500 $\mu g/m^3$, mas a concentração de poeiras na parte macedónia variou entre 151 $\mu g/m^3$ e 250 $\mu g/m^3$.

Estado do solo. Os solos das áreas estudadas apresentam concentrações de chumbo e zinco que excedem as concentrações de rutura permitidas para os metais pesados (PBC) (Fig. 1). Os solos em torno do plano de enriquecimento de minério e da estação de tratamento de águas cíclicas de aterro, situados no vale do rio Lebnitsa, caracterizam-se por concentrações de metais pesados que excedem a PBC. A zona aluvial de dois quilómetros próxima do aterro, situada no vale do rio Kriva reka, está altamente contaminada. A concentração de cobre é inferior ao PBC em solos com todos os tipos de acidez. Algumas zonas estão contaminadas com cádmio.

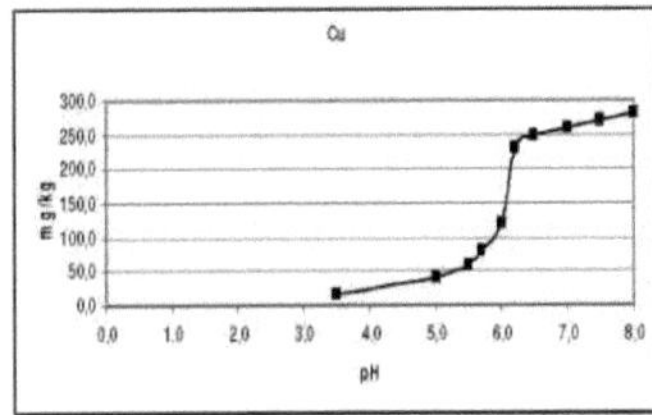

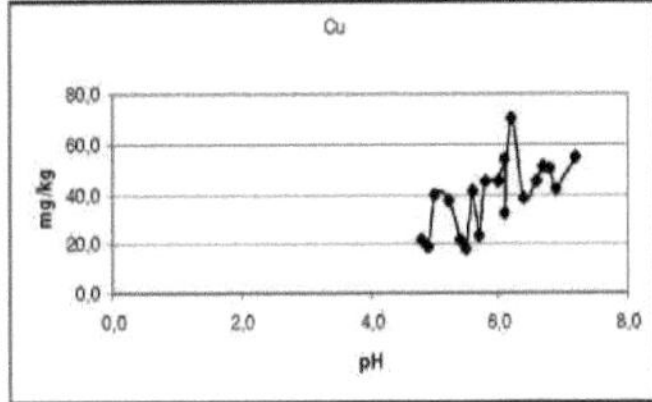

a) Concentrações admissíveis de cobre nos solos. b) Concentrações de cobre nos solos estudados.

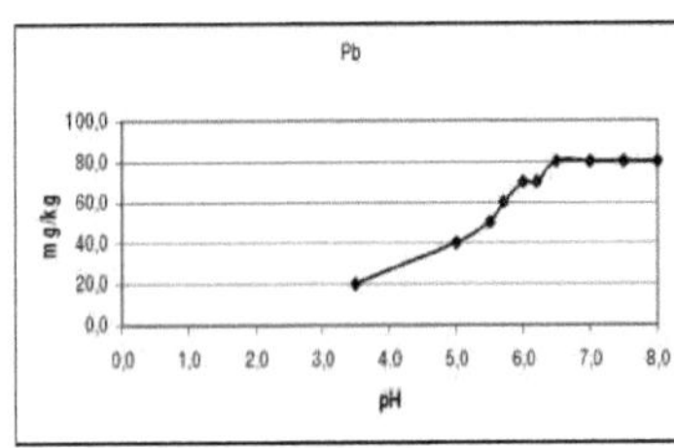

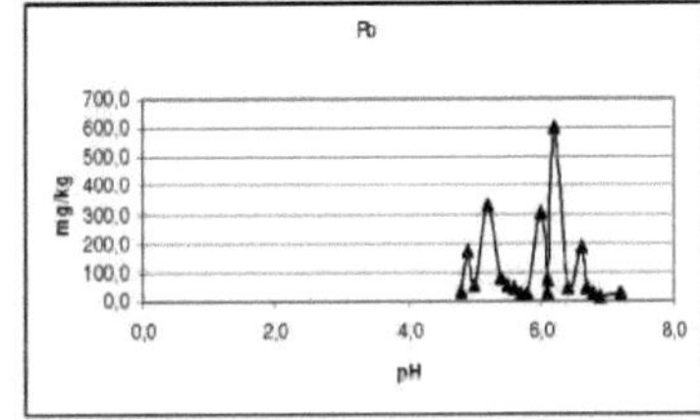

c) Concentrações admissíveis de chumbo nos solos. d) Concentrações de chumbo nos solos estudados.

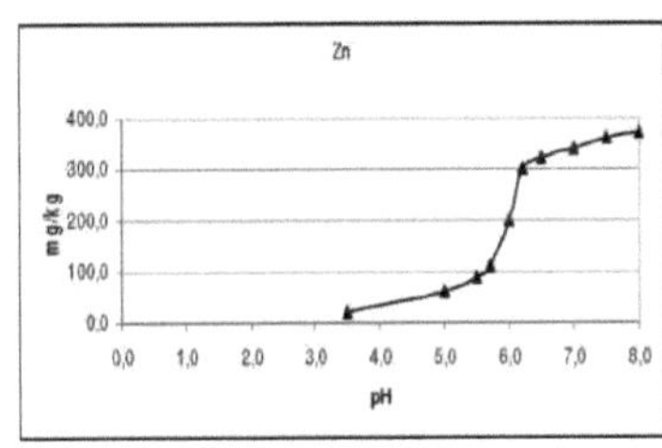

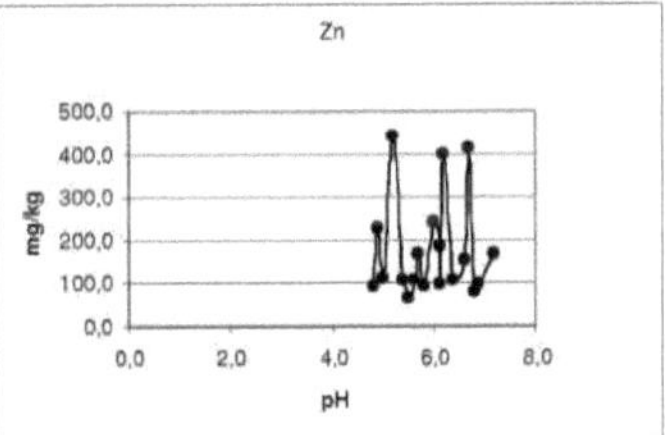

e) Concentrações admissíveis de zinco nos solos. f) Concentrações de zinco nos solos estudados.

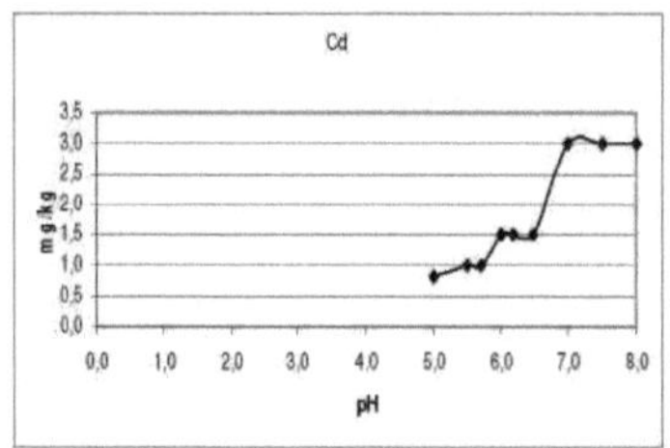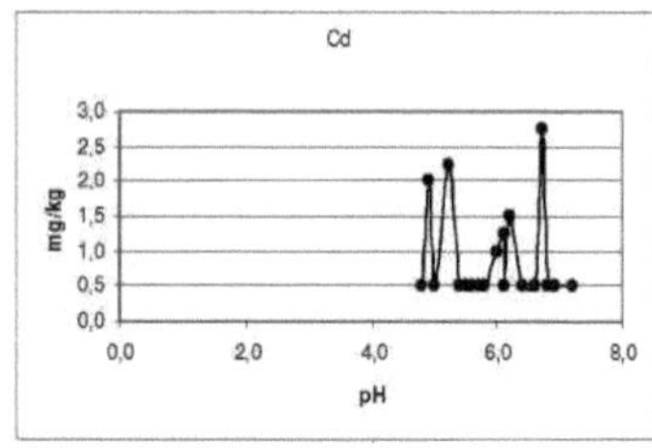

g) Concentrações admissíveis de cádmio nos solos.f) Concentrações de cádmio nos solos.

Fig. 1. Diagramas comparativos entre as concentrações permitidas (Jornal Estatal Búlgaro №54/1997) e as concentrações estabelecidas dos elementos estudados nos solosTabela 1. Resultados das análises físico-químicas da água das zonas mineiras da montanha de Osogovo (mg/l); n.d.-sem dados.

158

INDICATORS	Permissible concentrations		December 1999 Bulgaria						August 2000 Bulgaria					
	II categ.	III categ.	River Bistritsa beneath Ruen Mine	River Bistritsa after River Lebnitsa flow	River Bistritsa at Garlyano village	River Lebnitsa beneath Ruen Plant	Well depth 7 m near River Lebnitsa	River Lebnitsa near to the landfill	River Bistritsa beneath Ruen Mine	River Bistritsa after River Lebnitsa flow	River Bistritsa at Garlyano village	River Lebnitsa beneath Ruen Plant	Well depth 7 m near River Lebnitsa	River Lebnitsa near to the landfill
Active reaction pH	6.0-8.5	6.0-9.0	7.6	8	7	7.8	7.1	7.8	7.8	7.3	7.3	7.6	6.9	7.6
Soluble O2	>4	>2	7.1	7.4	7.3	7.4	6.4	6.8	6.8	7.6	8,2	7.7	8.2	8.6
BPC component 5	15	25	5.5	4.2	4.9	6.3	4.9	4.9	2.4	2.7	2.8	1.9	3	3.3
Oxidity (perm.)	30	40	1.12	0.88	1.12	1.52	0.8	1.6	0.88	1.36	2.32	2	1.12	2.08
HPC (bio-chromatic)	70	100	40	20	30	70	20	60	30	20	30	10	30	20
Soluble chemicals	1000	1500	432	64,4	70	109.6	135.4	140.4	n.d.	n.d.	n.d.	n.d.	n.d.	n.d.
Insolub. chemicals	50	100	20	10	10	10	20	10	20	10	10	20	50	20
Chlorine ions	300	400	n.d.	n.d.	n.d.	n.d.	n.d.	n.d.	4	7	5	15	12	11
Sulphate ions	300	400	n.d.	n.d.	n.d.	n.d.	n.d.	n.d.	30	5	20	150	45	130
Nitrogen (ammonium)	2	5	0.03	0.01	0.02	0.03	0.01	0.01	0.02	0.01	0.012	0.01	0.014	0.01
Nitrogenous nitrite	0.04	0.06	0.01	0.001	0.002	0.005	0.005	0.001	0.001	0.001	0.01	0.12	0.008	0.04
Nitrogenous nitrate	10	20	0.6	1.18	0.8	0.8	1.7	8.16	1.34	0.3	0.56	1.66	3.29	0.54
Phosphate (PO4)	1	2	0.007	0.005	0.003	0.12	1.16	0.006	0.03	0.01	0.02	0.05	0.014	0.02
Cyanides (easily soluble)	0.05	0.1	n.d.	n.d.	n.d.	n.d.	n.d.	n.d.	0.01	0.001	0.001	0.001	0.002	0.004
Iron (Total)	1.5	5	0.02	0.02	0.04	0.14	0.02	0.08	0.12	0.002	0.004	0.008	0.004	0.002
Manganese (Total)	0.3	0.8	0.081	0	0	0.48	0	0.34	0.05	0	0	0.04	0.01	0.15
Cadmium	0.01	0.02	0.008	0.01	0.008	0,01	0.004	0.008	0.001	0.001	0.002	0.004	0.002	0.02
Lead	0.05	0.2	0.02	0.01	0.01	0.03	0.03	0.04	0.02	0.005	0.002	0.04	0.02	0.04
Copper	0.1	0.5	0.07	0.04	0.06	0.05	0.04	0.1	0.04	0.03	0.04	0.2	0.02	0.03
Zinc	5	10	0.1	0.22	0.24	0.48	0.24	0.15	0.008	0.01	0.08	0.08	0.08	0.06

INDICATORS	Permissible concentrations		December 1999 Macedonia						August 2000 Macedonia					
	II categ.	III categ.	River Toranitsa by the mine fields	River Banchilo before its flow in the River	River Yarets before its flow in the River	River Toranitsa by the enrichment plant	River Kriva reka 1 km from the landfill	River Kriva reka at Jidlovo village	River Toranitsa by the mine fields	River Banchilo before its flow in the River Toranitsa	River Yarets before its flow in the River Toranitsa	River Torani-tsa by the enrichment plant	River Kriva reka 1 km from the landfill	River Kriva reka at Jidlovo village

Conclusão

A indústria de extração e enriquecimento de minério na montanha de Osogovo, bem como a deposição de resíduos, influenciam negativamente os componentes do ambiente. O ar, a água e o solo da zona estão seriamente contaminados. As concentrações de elementos perigosos em muitas amostras excedem muitas vezes as concentrações de rutura admissíveis (PBC), o que constitui um risco para a saúde humana. As áreas em redor das instalações de enriquecimento de minério e dos aterros estão seriamente contaminadas. A contaminação estabelecida com chumbo e zinco é definitivamente um resultado da atividade das minas de chumbo-zinco nessas áreas, tal como Velikov e Drenovski (1994) descreveram a contaminação com cobre nas áreas de extração de minério de cobre em torno das cidades de Zlatitsa e Pirdop.

O chumbo provoca muitas doenças como leucemia, perturbações renais, lesões cerebrais, morte prematura, problemas gastrointestinais, encefalopatia, etc. As elevadas concentrações de zinco no ambiente podem causar depressão do crescimento, imaturidade sexual, lesões cutâneas, imunocompetência. O cádmio provoca hipertensão, tonturas, vómitos, dificuldades respiratórias, perturbações renais, cancro e muitas outras. Muitas das doenças acima mencionadas estão disseminadas nas áreas estudadas. No entanto, devemos salientar que o fundo litogeoquímico natural dos elementos perigosos estudados é elevado na montanha de Osogovo. Por exemplo, está estabelecido que o carvão perto do maciço granítico de Osogovo é rico em chumbo, zinco e cádmio, uma vez que as cinzas contêm cádmio, cuja concentração excede 22 vezes as concentrações de rutura permitidas para o solo (PBC) (Kortenski, Sotirov, 2002).

Referências

Dimitrov, K., Peychev, A., Radenkov, K., Sotirov, A., Gaberov, V., Deyanovski, K., Bozinovski, Z. e Yakimovska, D. (2004). Monitorização ambiental dos campos mineiros de chumbo-zinco na parte búlgara e macedónia da montanha Osogovo. Actas da Conferência Científica Anual da Sociedade Geológica da Bulgária "Geologia 2004", 9-11. ISBN 954-91606-1-0.

Bell, F. G. 1998. *Geologia Ambiental. Principle and Practice.* Cambridge, Blackwell Science, 594 pp.

Kortenski, J., A. Sotirov. (2002). Ocorrência e distribuição de elementos perigosos para o ambiente no leito de lenhite de Katrishte, província de Strouma-Mesta, Bulgária. - *Environmental Geosciences Journal, DEG-AAPG, 9,* 4, 191-199.

Velikov, V., I. Drenovski. 1994. Contaminação dos solos e da água potável nas áreas em redor das cidades de Zlatitsa e Pirdop. - In: *Actas da Conferência Nacional Científica e Prática de Geografia "Geoecologia '94",* 86-91. (em búlgaro)

Buy your books fast and straightforward online - at one of world's fastest growing online book stores! Environmentally sound due to Print-on-Demand technologies.

Buy your books online at
www.morebooks.shop

Compre os seus livros mais rápido e diretamente na internet, em uma das livrarias on-line com o maior crescimento no mundo! Produção que protege o meio ambiente através das tecnologias de impressão sob demanda.

Compre os seus livros on-line em
www.morebooks.shop

Printed by Books on Demand GmbH, Norderstedt / Germany